Bodo Janssen
Eine Frage der Haltung

Bodo Janssen

EINE FRAGE DER HALTUNG

Wie wir Krisen besser bewältigen
und gestärkt aus ihnen hervorgehen

Bibliografische Information der Deutschen Bibliothek

Die Deutsche Bibliothek verzeichnet diese Publikation in der
Deutschen Nationalbibliografie; detaillierte bibliografische Daten
sind im Internet unter www.dnb.de abrufbar.

Penguin Random House Verlagsgruppe FSC® N001967

© 2021 Ariston Verlag in der
Penguin Random House Verlagsgruppe GmbH,
Neumarkter Straße 28, 81673 München
Alle Rechte vorbehalten
Verfasst in guter Zusammenarbeit mit Stefan Linde
Redaktion: Regina Carstensen
Vermittelt durch: Agentur Stefan Linde
Umschlaggestaltung: Hauptmann & Kompanie Werbeagentur, Zürich,
unter Verwendung eines Fotos von © Dominik Odenkirchen
Graphic Recordings: Barbara Schneider, Visual Facilitators,
www.visualfacilitators.com
Fotografien: S.12, 72,196 Steven Haberland und S. 256 Timo Müller Fotografie
Satz: Satzwerk Huber, Germering
Druck und Bindung: GGP Media GmbH, Pößneck
Printed in Germany

ISBN: 978-3-424-15415-3

Dieses Buch widme ich Theo und Gerhardine Lengert,
zwei Menschen einer Generation, in der schwere Krisen
zum Alltag gehörten und die dennoch nicht vergessen haben,
worum es im Leben wirklich geht. Zwei Menschen, denen ich erst
spät oder gar nicht begegnen durfte, die aber dennoch zu einem
wichtigen Fundament in meinem Leben geworden sind.

Inhalt

Teil II: Frieden für heute

TEIL III: Vision für die Zukunft

Hoffnung ist nicht die Überzeugung, dass etwas gut ausgeht.
Hoffnung ist die Gewissheit, dass etwas Sinn hat,
egal wie es ausgeht.
Vaclav Havel

Bildprotokoll des Corona-Online-Impulses vom 13. April 2020

Teil I
Sinn der Vergangenheit

1 Quellen innerer Kraft

Bye-bye Berlin

Ich saß an meinem Schreibtisch im Homeoffice, als ich auf meinem Bildschirm nach und nach die Gesichter mir sehr vertrauter Menschen erblickte. Ich hatte mich digital mit dem Team aus dem Bereich Kultur und Entwicklung verabredet, gemeinsam wollten wir besprechen, wie wir uns unter dem Einfluss der Corona-Pandemie gut aufstellen wollten. Die für uns im März 2020 alle noch unvorhersehbare Entwicklung würfelte auch unser Unternehmen ganz schön durcheinander, und so ging es im Spätsommer, nachdem sich die ersten Wogen geglättet hatten, für uns darum, zu besprechen, was es im Moment brauchte und wer sich wofür einsetzen konnte.

Ein Treffen mit diesen Fragestellungen war für uns nichts Unübliches. Auch in den Jahren zuvor hatten wir es uns zur Gewohnheit gemacht, uns mindestens einmal im Jahr über ganz grundlegende Fragen auszutauschen, und so trafen wir uns nun digital auf unseren Rechnern. Aber das war nicht der einzige Unterschied zu den Zusammenkünften der letzten Jahre, die unter normalen Umständen, der Stille und Abgeschiedenheit halber, in einem Kloster stattfanden. Ein weiterer war, dass unser Kulturteam pandemiebedingt um drei Berliner Kollegen gewachsen war. Sie gehörten zu einer Gruppe von gut vierzig Upstalsboomern, deren Berliner Hotel infolge fehlender Buchungen während der Corona-Pandemie in eine wirtschaftlich aussichtslose Situation geraten war und im September 2020 geschlossen werden musste. Für uns alle war das ein harter Schlag, am meisten für die Betroffenen, aber wir konnten wenig dagegen tun.

Schon kurz nach Beginn des Lockdowns hatten wir das Gespräch mit den Eigentümern des Hotels gesucht, doch selbst die bis in den Juli andauernden Gespräche führten zu keinem Ergebnis, das einer Überbrückung der Auswirkungen dieser Pandemie dienlich wäre. Um weitere Verluste zu vermeiden, wurde seitens der Eigentümer dann vorsorglich ein Insolvenzantrag gestellt. Insbesondere mit Blick auf unser hoch engagiertes und vor allem langjähriges Hotelteam machte uns die Entscheidung der Investoren sehr betroffen. Machtlos mussten wir mit anschauen, wie eine Pandemie und die fehlende Bereitschaft von Investoren unsere jahrelange Arbeit zunichtemachten.

Das Upstalsboom-Team hatte den Auswirkungen der Corona-Krise für den Berliner Markt nichts entgegenzusetzen. Während unsere Hotels in den Urlaubsregionen seit dem Sommer wieder steigende Belegungszahlen verzeichneten, war die Nachfrage am Berliner Markt am Boden. Erschwerend kam hinzu, dass im Jahr 2019 viele Havarien den Betrieb des Berliner Hauses ohnehin sehr belasteten. Nicht selten bekam ich Anrufe aus der Hauptstadt, in denen die Mitarbeiter mir mitteilten, dass sie schon wieder bis zu den Knöcheln – im wahrsten Sinn des Wortes – in der Scheiße standen, weil sich das nächste Abflussrohr verabschiedet hatte.

Jeder dieser Anrufe tat weh, und das, obwohl ich mir nur ansatzweise vorstellen konnte, was dieses Ausgeliefert-Sein für die Mitarbeiter und Gäste vor Ort bedeuten musste. Aber auch ich war machtlos. Denn das Berliner Hotel war eines der letzten in unserem seit 1976 im Tourismus tätigen Unternehmen, in dem wir noch von den Entscheidungen irgendwelcher und in diesem Fall völlig überforderter Investoren und ihrer Beiräte abhängig waren. Alle anderen Hotels waren mittlerweile im Eigentum des Unternehmens oder standen als Pachtbetriebe in unserem uneingeschränkten Einfluss. Und überall dort, wo wir unabhängig vom Einfluss der Investoren agieren konnten oder aber deren uneingeschränkte Unterstützung hatten, konnten wir anders mit den Folgen der Pandemie umgehen. Die Unabhängigkeit von Investoren war auch der Grund, weshalb wir uns als Familie im Jahr 2006 dafür entschieden hatten, die Hotels nach und nach ins Unternehmen zu überführen und uns damit aus den Fängen rein kapital- und renditegetriebenen Handelns zu befreien.

Was mich während des gesamten Insolvenzprozesses immer wieder überrascht hatte, war die Art und Weise, wie die Berliner Mitarbeiter mit dieser für sie extrem schwierigen Situation umgegangen sind. Von Beginn an, als die Gespräche mit den Investoren losgingen, waren die Mitarbeiter immer im Bilde, um was es gerade ging. Sobald es Neuigkeiten gab oder wir das Gefühl hatten, die Mitarbeiter nach ihrer Einschätzung zu fragen, waren alle an Bord, um sich gegenseitig auszutauschen.

Irgendwann im Sommer war dann klar, dass es nicht weitergehen wird, aber wie denn das Ende aussieht, darüber ließen uns die Investoren bis vier Wochen vor Schließung des Hotels durch den Insolvenzverwalter grübeln. Da hielten sich die Eigentümer bedeckt. Umso mehr überraschte mich, dass im Gegensatz zu den Investoren jeder Mitarbeiter Haltung bewahrte und bis zuletzt vollen Einsatz brachte, um einer Ära – trotz widriger Umstände – ein einigermaßen würdevolles Ende zu bereiten. Bis zum Schluss stand im Team jeder seinen Mann oder seine Frau, während die beiden Hauptinvestoren sich nicht mehr trauten, weder den Mitarbeitern noch mir unter die Augen zu treten, und sich von ihrem frechen Anwalt vertreten ließen. An dem Tag, an dem die Mitarbeiter ihre Kündigungen erhielten, gab es aufgrund der Insolvenz für jeden Einzelnen sehr viel zu unterschreiben. Und was mich dabei zutiefst berührte und mir an diesem Tag die Tränen in die Augen trieb, war, dass sich niemand davor drückte, an dieser schmerzhaften Betriebsversammlung teilzunehmen. Jeder unterschrieb sämtliche Dokumente, ohne sie vorher detailliert durchzulesen. Alle waren voller Vertrauen.

Zwei Wochen später trafen wir uns noch einmal zu einem Abschiedsabendessen in Berlin, allein, um zurückzuschauen auf all das, was wir in den ganzen Jahren gemeinsam erlebt hatten. Dabei kamen Geschichten und Anekdoten auf den Tisch, über die wir herzlich lachen mussten. Allerdings war es trotz großer Heiterkeit auch ein sehr komisches Gefühl, als sich die Mitarbeiter nach und nach in der Gewissheit verabschiedeten, sich in dieser Gemeinschaft nicht mehr wiederzusehen. Es war, als würde eine Familie, die sich über fünfundzwanzig Jahre lieben und schätzen gelernt hat, einfach auseinandergerissen werden. Und doch erlebte ich bei vielen, dass sie unabhängig von der Trauer nach vorn schauten.

Da war zum Beispiel Kristin, die mir sagte, dass diese Situation für sie vielleicht sogar zum Besten sei. Sie liebte die Gemeinschaft mit dem Team, war Upstalsboomerin durch und durch, war mit Kollegen aus den anderen Hotels in Ruanda gewesen, um eine Schule zu eröffnen, besuchte unser Curriculum und stellte sich den vielen von uns angebotenen Herausforderungen, sich als Mensch weiterzuentwickeln. Der Begriff »Curriculum« kommt

aus dem Lateinischen und bedeutet »Lehrplan« oder auch »Lern-
programm«. Beim Upstalsboom-Curriculum geht es uns darum, Menschen an den Erlebnissen, Erkenntnissen und Erfahrungen des Upstalsboom-Weges teilhaben zu lassen. In insgesamt
sechs Modulen nehmen wir sie mit auf eine persönliche und
unternehmerische Entwicklungsreise, eine Reise im Spannungs-
feld der Regel des heiligen Benedikt bis hin zu den neuesten Erkenntnissen der Gehirnforschung und positiven Psychologie. Im
Kontext von Fühlen, Denken und Handeln erleben die Teilnehmer hautnah, welche Meilensteine unseren bisherigen Unter-
nehmensweg ausgemacht haben.

Als ich Kristin darauf ansprach, wie es für sie weiterginge,
sagte sie: »Weißt du, Bodo, ich habe einen tollen neuen Job gefunden und kann jetzt den Schritt gehen, der eigentlich schon
lange überfällig war. Mit Blick auf unsere Upstalsboom-Fami-
lie habe ich vielleicht vergessen, dass es wichtig ist, auch einmal
weiterzugehen. Und nun zwingt mich diese Insolvenz, etwas zu
tun, was meinem weiteren Weg guttut, ich von mir selbst aus
aber nicht gemacht hätte. Alles ist fein!«

Oder Katharina, die mich schon vor Bekanntwerden der Insolvenz während eines unserer selbst durchgeführten Kloster-
kurse ansprach, weil sie über die jahrelange Nutzung unserer
Schulungsangebote und auch durch die Reise nach Ruanda für
sich entdeckt hatte, was sie wirklich erfüllt. Für sie schloss sich
die Tür des Hotels, aber dafür öffnete sich die Tür unseres Un-
ternehmensbereichs Kultur und Entwicklung – und nun tauchte
ihr vertrautes Gesicht auf meinem Bildschirm auf. Gleiches galt
für Jaqueline, unsere ehemalige Hausdame, oder für Jeannette,
die als Direktorin dem Insolvenzverwalter bis zuletzt zur Seite
gestanden und erst im November 2020 als Letzte den Schlüssel
umgedreht hatte. Auch sie hatte sich parallel zum Tagesgeschäft

einer Direktorin intensiv mit sich selbst und ihrer Entwicklung als Mensch beschäftigt, hatte Curricula und Klosterseminare besucht, die Ausbildung zur zertifizierten Systemaufstellerin abgeschlossen und war sich ebenfalls sehr klar darüber, dass sich eine Tür schließt und dafür eine andere öffnet.

Bei diesen drei Frauen, aber auch bei vielen anderen erlebte ich eine unglaubliche Gelassenheit im Umgang und im Abschluss dieser unvorstellbaren Situation. Da ging es um Existenzängste und Kontrollverlust, und selbst im Angesicht der außerordentlichen Einschränkungen erlebte ich eine beeindruckende Fähigkeit, das Tragische zu ertragen. Und absolute Professionalität. Was hatte dazu geführt, dass diese Menschen so aufrecht, stark, ja gerade anmutig aus dieser für sie existenziellen Krise hervorgingen? Mich beeindruckten sie zutiefst, und so freute ich mich, dass sie nun Teil eines Teams wurden, das sich die Entwicklung der Menschen in unserem Unternehmen und ihrer Kultur auf seine Fahnen geschrieben hat.

Ikigai

In den turnusmäßigen Treffen des Kulturteams geht es auch immer wieder um die Kalibrierung des persönlichen Kompasses. Und gerade dann, wenn neue Kollegen ins Team aufschließen oder sich neue Aufgabenfelder und Situationen ergeben, werden die Karten für alle nochmals komplett neu gemischt! In diesen Phasen geht es darum, die Persönlichkeit des Einzelnen mit dem Profil der aktuell anstehenden Aufgaben abzugleichen. Jeder schaut, wie er mit seinem »Ikigai« einen Beitrag für die Weiterentwicklung unserer Gemeinschaft und ihrer Anliegen leisten kann. Ikigai ist ein japanisches Konzept, das beschreibt, worum es auch bei uns im Unternehmen umfassend geht: Menschen stärken! Ikigai bedeutet »Lebenssinn«, frei übersetzt: »das, wofür es sich zu leben lohnt«, oder auch: »das Gefühl, etwas zu haben, für das es sich lohnt, morgens aufzustehen«. Der Begriff wurde auf der japanischen Insel Okinawa geprägt.

Auf Okinawa und vor allem in dem kleinen Ort Ogimi erreichen die Menschen ein sehr hohes Alter und bleiben dabei extrem lange gesund, agil und aktiv. Dort ist das Prinzip des Ikigai mit einem großen Gemeinschaftsgefühl verknüpft. Die Menschen gehören einer über viele Jahrzehnte gewachsenen Gruppe an, auf die sie sich stets verlassen können und deren Mitglieder sich gegenseitig unterstützen. Das führt zu einem immensen Gefühl der Zugehörigkeit, das extrem sinnstiftend ist. Das eigene Tun steht häufig in einem Zusammenhang mit anderen. Der Fokus liegt also nicht nur darauf, etwas aus reinem Selbstzweck zu machen, sondern einen Beitrag für die Gesellschaft zu leisten.

Wir nutzen die mit diesem japanischen Weg einhergehenden Fragen sehr gerne, um uns einmal mehr bewusst zu werden, worum es dem Einzelnen geht. Vier der Fragen lauten: Was ist das, was du wirklich liebst? Was ist das, was du richtig gut kannst? Was davon ist das, was die Welt gerade braucht? Wofür wäre sie dazu bereit, dir etwas zu zahlen? Die Schnittmenge aus den Antworten auf diese Fragen bilden dann dein Ikigai.

Und das war auch unser Thema zu unserem Auftakttreffen in unserer neuen Konstellation. Auch ich war gefragt, was denn das ist, was ich wirklich liebe, was ich gut kann und was die Welt braucht. Im Großen und Ganzen bin ich mir darüber schon im Klaren, denn seit zehn Jahren befinde ich mich auf dem Weg, mich immer ein bisschen besser kennenzulernen. Aber dieses

Mal, und ich glaube, das war der Gesamtsituation geschuldet, wurde mit bewusst, dass mich mein Leben immer wieder dazu aufgefordert hat, Krisen zu bewältigen. Und zwar so sehr, dass sich in mir der Gedanke entwickelte, dass das Überwinden von Krisen zu einer Lebensaufgabe geworden ist. Die Antwort auf die Frage, was ich liebe, ist sehr eindeutig: Den Anblick eines glücklichen Menschen. Wenn zum Beispiel in dem Gesicht eines Erwachsenen die Augen eines Kindes leuchten. Mein Ikigai ist es, Menschen auf dem Weg zu ihrem Ikigai zu begleiten.

Was mich allerdings zu meinem Sinn des Lebens geführt hat, waren eine Handvoll Krisen, ohne die ich ganz sicher nicht das gefunden hätte, worauf ich jetzt mein Lebenshaus bauen darf. Und genauso war es bei den Menschen, die ich bisher innerhalb oder außerhalb des Unternehmens begleiten durfte. Es waren jedes Mal die Krisen, aus denen etwas Stärkendes hervorging. Vielleicht nicht im Moment der Krise an sich, aber häufig habe ich erlebt, dass – im Rückblick – auf die besonders schweren Momente im Leben ihnen nicht nur etwas Positives, sondern vielmehr auch Sinnvolles abzugewinnen war.

Krisen nutzen

Warum wachsen manche Menschen an Krisen – während andere an ihnen zerbrechen? Im Berliner Haus durfte ich glücklicherweise viele Menschen erleben, die aus dieser für sie sehr prekären Situation etwas Gutes machen konnten. Aber es gab auch Mitarbeiter, bei denen das nicht so war. Was hatten die einen, was den anderen fehlte? Bei mir waren es Unfälle, meine Entführung 1998 oder die vernichtenden Ergebnisse einer Mitarbeiterbefragung, die ich nur drei Jahre nach dem Flugzeugabsturz meines Vaters und der damit einhergehenden Übernahme des elterlichen Unternehmens als Krise erlebt habe. Jedes Ereignis für sich war genauso tragisch wie unangenehm. Aber nachträglich bin ich für die zum Teil sehr schmerzhaften Erfahrungen, für jede einzelne von ihnen, dankbar. Nicht für das Ereignis an sich, sondern vielmehr für die Gelegenheiten, die sich durch sie ergeben haben. Und welche Gelegenheit jede Krise eint, ist, dass sie mich wieder auf noch vor mir liegende Herausforderungen vorbereitet. Denn eines ist sicher, Krisen bestimmen unseren Lebensweg, und es liegt ausschließlich an uns, in welche Richtung wir uns durch sie führen lassen.

Für mich persönlich sind Krisen zu treuen Freunden geworden, zu Freunden, die mir klar ins Gesicht sagen, wo ich etwas in Ordnung zu bringen habe. Krisen können zu einem wichtigen Impuls werden, zu einer Einladung, aus der Schwerkraft des Alltags mit seinen gewichtigen, häufig nicht guten Gewohnheiten und vermeintlichen Verpflichtungen auszubrechen, sich von Altem und Nutzlosem zu trennen, sich aufzumachen, neue Spuren zu ziehen und neue Räume zu erkunden. Letztlich geht es darum, zu klären, wie wir Krisen sinnvoll nutzen können. Jede Krise beschert uns Fragen, mit deren Beantwortung wir immer mehr Verantwortung für unser Leben übernehmen können. Niemand anderes als wir selbst haben es in der Hand, uns selbstbestimmt, innerlich frei und damit gelassen auch durch die schwierigsten Abschnitte unseres Lebens zu manövrieren. Wir selbst haben es in der Hand, ob wir unser Wohlbefinden von den Dingen, Ereignissen und Menschen abhängig machen wollen, die wir ohnehin nicht beeinflussen können. Das ist für viele schwer vorstellbar, aber möglich, wenn ich nur auf die Mitarbeiter unseres ehemaligen Hotels in Berlin schaue.

Der Weg durch die Krise führt unweigerlich zu einer Begegnung mit mir selbst. Und dabei wirken die mit der Krise einhergehenden Umstände häufig wie ein Brennglas auf all die Dinge, die nicht in Ordnung sind, die ich noch ungeklärt in mir herumtrage oder mit anderen noch nicht geklärt habe. Eine Freundin erzählte mir, dass je länger die pandemiebedingten Einschränkungen nun schon andauerten, desto schlechter seien sie zu ertragen. Das enge Miteinander in der Familie sei nicht mehr auszuhalten, und alle gingen sich nur noch auf die Nerven und pöbelten sich mehr oder weniger gegenseitig an. In der Vergangenheit waren sie es als Familie gewohnt, dass sich jeder eher um seinen Kram kümmerte, jeder ging seinem Job nach, und die dann noch verbleibende Zeit wurde im Außen, mit Hobbys, beim Essen oder irgendwelchen gesellschaftlichen Anlässen verbracht. Doch mit den Einschränkungen der Corona-Pandemie wurden diese Optionen eliminiert und damit auch die Möglichkeit, sich von den Gründen dieses Lebens nebeneinanderher abzulenken.

Auch mit Blick auf das Berliner Hotel wird schnell klar, dass dort schon vor der Krise Dinge nicht in Ordnung waren. Über Jahre hatten wir gemeinsam mit den Mitarbeitern versucht, die Investoren davon zu überzeugen, nach über zwanzig Jahren nun endlich in das Hotel zu investieren. Vergebens. Sie schienen mit der Situation völlig überfordert und waren nicht in der Lage, auch nur eine zielführende Entscheidung zu treffen. Und die sich aus dem Investitionsstau ergebenden Havarien waren nur Ausdruck eines substanziellen Verfalls, der selbst von den sich dagegenstemmenden Mitarbeitern nicht mehr aufgehalten werden konnte und mit der Pandemie zum kompletten Untergang des Hotels geführt hatte.

Ist das System erst einmal geschwächt, braucht es nicht mehr viel, um jemanden oder etwas zu Fall zu bringen. Das gilt für

Dinge genauso wie für Menschen. Für den Körper genauso wie für den Geist und die Seele.

Für das Berliner Hotel ging die Corona-Krise nicht gut aus, aber einige Mitarbeiter erkannten in diesem Ende auch einen Anfang. Einen Anfang für etwas, was manch einem von ihnen im Nachhinein noch sinnvoller erschien als das, was sie bisher gemacht hatten. Und das ist die Hoffnung, die ich in diesem Buch mit Dir teilen möchte: dass zwar nicht alles, was uns widerfährt, einen Sinn hat, aber wir allem, was uns widerfährt, einen Sinn geben können. Wie wir aus Krisen stärker hervorgehen können, als wir in sie hineingeraten sind. Und dass das geschieht, ist allein unsere Entscheidung.

Als ein Unternehmen mit über sechzig Hotels und Ferienwohnungen hat die Pandemie nicht nur das Berliner Hotel getroffen. Aber abgesehen von dieser Ausnahme haben wir die Krise bisher nicht nur gut verwunden, sondern fühlen uns trotz aller Unvorhersehbarkeit gestärkt für das, was noch auf uns zukommt. Und auch mir persönlich hat diese Krise unendlich viele Möglichkeiten geschenkt, bisher noch ungeklärte Dinge in Ordnung zu bringen.

Innere Einkehr

Wenn ich Krisen bewältigen, sie sinnvoll nutzen will, dann komme ich nicht um eine innere Einkehr herum. Wer sich in die Stille begibt und sich darin übt, sie auszuhalten, schafft gute Voraussetzungen dafür, gestärkt aus Krisen hervorzugehen. Nach meiner Entführung als vierundzwanzigjähriger Student, mit ihren acht

Scheinhinrichtungen, war ich zunächst jahrelang auf der Flucht. Auf der Flucht vor der Begegnung mit meinen Wunden und Schmerzen, die mir diese leidvolle Zeit, diese maskierten Menschen zugefügt hatten. Und erst der Weg ins Kloster und mit ihm der Weg in die Stille halfen mir dabei, aus diesen Wunden Perlen zu machen. Vielleicht so, wie Hildegard von Bingen, im Mittelalter Äbtissin des Klosters Rupertsberg, es gemeint hat, als sie schrieb: »Die Kunst der Menschwerdung besteht darin, die Wunden des Lebens in Perlen zu verwandeln.« Ein anspruchsvoller Weg, ein Weg jenseits jeder Bequemlichkeit, aber ein Weg, der sich gelohnt hat. Und dafür steht eine Krise auch: für das Ende der Bequemlichkeit. Denn eine Krise fragt nicht nach Lust oder Unlust.

In der Stille finden wir unsere Antworten auf die Fragen des Ikigai, begegnen wir früher oder später unserer Sehnsucht, unseren Träumen, von denen sich manch einer von uns irgendwo auf dem Weg zwischen unserer Geburt und dem Jetzt verabschiedet hat. Aber der vermeintlich einfache Weg durch die Stille entpuppt sich für nicht wenige als echte Herausforderung. Wie häufig höre ich Sätze wie: »Ich kann nicht alleine sein«, »Ich kann nicht in die Stille gehen, da geht ein Vulkan in mir hoch« oder »Ich halte die Stille nicht aus, da verpasse ich zu viel«. Oder schlicht: »Ich habe keine Zeit.« Für mich ist die Stille, früher wie heute, ein wichtiger Meilenstein zu mehr Gelassenheit und innerer Freiheit. Aber es gab auch Zeiten, in denen das nicht so war, und wenn ich mich an diese Phasen erinnere, dann erinnere ich mich vor allem an Rastlosigkeit, Unruhe, Anstrengung, Angst, Gereiztheit, Krankheit, Erschöpfung und Stress. Spätestens wenn ich mich selbst nicht mehr ausstehen konnte oder aber meine Frau mir deutliche Hinweise gab, war es wieder notwendig, regelmäßig in die Stille zu gehen.

Und das war schon als Kind so. Ganz im Gegensatz zu meinen ersten Outdoor-Abenteuern habe ich es genauso geliebt, Zeit mit mir selbst, bestenfalls in Stille zu verbringen. Offensichtlich war das damals schon für mich sehr wichtig, denn in dem Moment, wo ich keine Zeit für mich fand, wurde ich unausstehlich.

Spannend finde ich, dass ich als Kind das Alleinsein und die Stille nicht nur gut ertragen konnte, sondern sie geradezu geliebt habe. Als Erwachsener aber musste ich erst wieder lernen, die Stille zu ertragen. Ich entsinne mich noch sehr gut an meinen ersten Besuch im Kloster. Als ich im Zendo des alten Gebäudes zum ersten Mal meditierte, konnte ich die Lautstärke der Stille nicht ertragen. Von außen betrachtet war es im Meditationsraum mucksmäuschenstill, doch diese äußere Stille entzündete in mir ein Feuerwerk unzähliger, schon tausendmal gedachter Gedanken, die sich an die Vergangenheit krallten oder an der Zukunft festbissen. Gedanken, im Wesentlichen identisch mit denen des Vortags und den Tagen davor, lösten in dem Augenblick, in dem sie auf meinen Körper trafen, zum Teil heftige Emotionen aus. In der Stille spürte ich, dass ich in der Hektik meines Alltags, in der Spirale unserer Leistungsgesellschaft zum Gefangenen meiner Gedanken geworden war, und das, obwohl Freiheit mein größter Wert war. Ich konnte einfach nicht loslassen.

Als Kind war das ganz anders, da liebte ich es, mich stundenlang in mein Kinderzimmer zurückzuziehen. Für mich war dieser Rückzug »heilig«. Ich habe mir dann eine eigene Welt aufgebaut, wie nur mir sie gefiel, habe meiner Fantasie freien Lauf gelassen und aus Lego, Playmobil oder Bauklötzen etwas aufgebaut, was mir innere Freude, Ruhe oder Zufriedenheit geschenkt hat. In diesen Momenten war ich ganz gegenwärtig, war ich ganz bei mir. Und ich glaube, dass es weniger das Ergebnis war, das mir diese innere Zufriedenheit geschenkt hat, sondern vielmehr das Erlebnis. Denn sobald die Welt einmal geschaffen war, wurde sie auch schon wieder demontiert, und etwas Neues entstand. Genauso war es mit den Burgen aus Sand, die ich jeden Sommer am Strand von Borkum baute, die aber mit jeder Flut dem Erdboden gleichgemacht wurden. Als Kind störte mich das überhaupt nicht, im Gegenteil, ich war fasziniert davon, wie klein und schwach dieses von mir gebaute Kunstwerk gegenüber den Naturgewalten war. Und jeder Untergang spornte mich noch mehr dazu an, nun aber etwas zu bauen, was den Fluten standhielt.

Hammerschläge des Schicksals

Als ich Pater Anselm Grün im Rahmen meiner klösterlichen Krisenbewältigung im Jahr 2010 fragte, wie ich mir denn meiner Haltung bewusst werde, wo und wie ich das fände, wonach ich mich sehnte, ich meiner Sehnsucht, meinen Träumen, meinen Werten, meinen Eigenschaften, Fähigkeiten und meiner Hoffnung begegnen könnte, nannte er die Quellen innerer Kraft, zu denen auch unsere Kindheit gehört. Als Kind hatte ich jede Menge Zeit für Abenteuer. Und die erlebte ich nicht selten mit meinem damals besten Freund Thomas. Wir waren Ritter. Aus alten Bettlaken schnitten wir uns weiße Umhänge und bemalten sie mit einem roten Kreuz. Beim Kürschner erwarben wir von unserem Taschengeld Fellreste, aus denen wir uns Köcher für unsere Pfeile nähten. Unsere Bögen spannten wir mit einem Band aus alten Weidezaunstangen, und die dazugehörigen Pfeile bastelten wir aus dünnen Holzstangen, die normalerweise zum Stützen von jungen Tomatenpflanzen gedacht waren. Schild und Schwert sägten wir uns aus herumliegendem Holz zusammen, und so zogen wir los in für uns unbekannte Abenteuer.

Und so unterschiedlich die Abenteuer auch waren, hatten sie alle das gleiche Muster: Wir zogen in die Ferne, wurden gefangen oder festgehalten und mussten uns unter Pauken und Trompeten aus dieser misslichen Lage befreien. Bei uns ging es ohne Ausnahme darum, sich durch alle Krisen hindurch in die Freiheit zu kämpfen, Probleme zu lösen oder anderen zu helfen. Wir wollten Ritter und Retter in einem sein. Und das war nicht nur bei den Ritterspielen so, sondern auch im Kindergarten, wenn ich mich regelmäßig unter dem Maschendrahtzaun hindurch in die Freiheit buddelte.

Bei all diesen Herausforderungen, denen wir uns als Kind gestellt hatten, waren wir eins mit dem Moment, mit der Natur, mit uns. Es gab nichts um uns herum. Und in dieser Schwerelosigkeit des Seins fühlten wir uns als Kinder so, wie manch ein Erwachsener das heute wohl als Himmelreich bezeichnen würde. Im Evangelium (Matthäus 18,3) steht dazu ein passender Satz: »Wenn ihr nicht umkehrt und werdet wie die Kinder, so werdet ihr nicht ins Himmelreich kommen.« Und ich glaube, hinter diesem Satz steht das Kindsein als Synonym für das Sein an sich. Wie schön wäre es, wenn in den Gesichtern der Erwachsenen wieder die Augen eines Kindes leuchteten? Wie schön wäre es, sich gerade in Zeiten wie diesen wieder so zu fühlen wie ein Kind: unbeschwert, innerlich frei und zufrieden.

Anselm offenbarte mir aber noch einen weiteren Zugang zu meinen inneren Kraftquellen. Es ist der Blick auf die Krisen meines Lebens. In unseren Krisen sind wir uns am nächsten. In jeder Krise werden wir mehr oder weniger schonungslos auf unser Selbst, auf unsere ganz eigene Wahrheit zurückgeworfen. Dieser weitere, sehr anspruchsvolle Weg erfährt eine passende Beschreibung mit dem Gleichnis vom Schatz im Acker: Ich muss mir im übertragenen Sinn die Hände schmutzig machen und mich durch meinen Ärger, meine Wut, meine Angst, meine Zweifel, meine Eifersucht und Trauer hindurchbuddeln, um an den Schatz zu kommen, den ich in mir trage. Und so erfuhr ich bei den Mönchen, dass es die Stille, meine Kindheit und meine bisherigen Krisen sind, über die ich mir den Weg auf den Grund meiner Seele erschließe. Und auf diesem Grund meiner Seele findet sich der Ort, von dem Pater Anselm sagt, dass ich dort unverletzlich sei. Egal, was um mich herum für Krisen entstehen. Alle drei Wege können aber genauso schwer wie intensiv sein. Denn nicht für wenige führen die Krisen ihres Lebens dazu, nicht mehr in die Stille gehen zu können, oder die Zeit ihrer Kindheit kam einer Krise gleich.

So wie bei Özden, den ich als Jungunternehmer in unserem Curriculum dabei unterstützen durfte, in den Krisen seines bisherigen Lebens Chancen für die Zukunft zu entdecken. In der Türkei geboren, verließ sein Vater die Familie sehr bald. Die Beziehung zu seiner Mutter war durch Gewalt geprägt. Er erwiderte diese Gewalt mit Rückzug und Flucht in eine Welt fantasievoller Geschichten. Er wurde Sozialwaise, und es folgte eine Zeit in einem Heim, in der er die immer wiederkehrende Erfahrung machte, ohnmächtig zu sein, abhängig und der Willkür anderer Menschen ausgeliefert, ob sie nun Gutes oder Schlechtes im Schild führten. Dann der Einstieg ins Rotlichtmilieu, geprägt von Obdachlosigkeit, Drogen, erneuter Gewalt. Es folgte ein Selbstmordversuch, von dem er selbst sagte, zu feige zum Springen gewesen zu sein. Einige Zeit verbrachte er im Gefängnis, anschließend lernte er eine Frau kennen, mit der er einen heute zwölfjährigen Sohn hat.

Özden machte sich selbstständig, hatte aber ständig Angst, seine Autorität zu verlieren, was dazu führte, dass seine Mitarbeiter Angst vor seiner unberechenbaren Aggressivität hatten. Er be-

schrieb sich selbst als herrisch, aufbrausend, gewalttätig. Er war
zu einem Menschen geworden, der in brenzligen Situationen erst
einmal zuschlug, bevor er nachfragte, wer dort stand oder worum
es ging. Mit dem Blick auf das, was Özden in seinem bisherigen Leben erlebt hatte, fiel es schwer, darin einen Sinn zu erkennen. Und zugleich lagen in diesen schlimmen Erlebnissen große
Schätze, und so bestand für Özden und mich die Aufgabe nun
darin, herauszufinden, wofür das alles gut gewesen sein könnte.

Also schauten wir nach, welche Eigenschaften, Fähigkeiten und
Talente er gebraucht hatte, um diese hasserfüllte Zeit zu überleben. Im Gespräch erfuhr ich, dass er sich in dieser schwierigen
Phase für seine Geschwister eingesetzt und ihm das ungemein
gutgetan hatte. Zudem war er offensichtlich sehr kreativ. Denn
um der grausigen Wirklichkeit entfliehen zu können, flüchtete er
in selbst gestaltete Fantasiewelten. Im Gefängnis lernte er, sehr diplomatisch zu sein, zu vermitteln, sich zwischen den Insassen und
den Wärtern so zu bewegen, dass er immer mehr zum Ansprech-
partner für beide Seiten wurde, ganz besonders dann, wenn es irgendwo Probleme gab. Nicht selten löste er Konflikte mit Humor
und überwand dadurch die Kluft zwischen Ideal und Realität.
Wo er auch war, setzte er sich dafür ein, dass es den Menschen in
seinem Umfeld gut geht. Er konnte Situationen durch- und aushalten, war geduldig. Abends, alleine in der Zelle, musste er mit
sich und seinen Gedanken klarkommen, musste lernen, sich selbst
zu ertragen.

Im Lauf unserer Zusammenarbeit wurde mir deutlich, dass er
sich zwar dieser Eigenschaften und Fähigkeiten bewusst geworden war, sich aber mit Händen und Füßen dagegen wehrte, sie
anzunehmen, sich zu ihnen zu bekennen und damit auch sich
selbst anzunehmen. Alle diese Eigenschaften hatte er in einer
Zeit entwickelt, die für ihn so negativ besetzt war, die er einfach

nur noch loswerden wollte. Alles, was in dieser Zeit geschah, was ihn prägte, war in seinen Augen schlecht und musste aus seinem jetzigen Leben verschwinden.

Doch was bleibt denn noch, wenn ich die Krisen meines Lebens verdränge? Sind denn nicht auch Krisen Teil meines Lebens? Ist die Krise nicht Teil meiner Persönlichkeit? Ist es nicht vollkommen egal, unter welchen Umständen ich meine Eigenschaften und Fähigkeiten entwickeln musste? Sind wir nicht dazu verpflichtet, uns selbst und unseren Mitmenschen gegenüber das Beste aus diesen schwierigen Zeiten herauszuholen? In manch einer Krise verlieren wir viel und zahlen einen sehr hohen Preis. Sollten wir uns nicht etwas dafür zurückholen?

Ich bat Özden, mich wissen zu lassen, was für ihn im Moment wirklich wesentlich ist, was ihm viel bedeutet und wofür er sich einsetzen will. Seine Antwort kam schnell und lautete: meine Familie. Schon in den vorherigen Jahren war für ihn die Familie durch die Begegnung mit seiner Frau und die Geburt seines Sohnes immer bedeutsamer geworden, auch wenn sein Handeln dies nicht unbedingt erkennen ließ. Einerseits gab es diese Sehnsucht nach Familie und Gemeinschaft, andererseits hatte er keine Ahnung davon, wie er dieser Sehnsucht Rechnung tragen konnte. Dann bat ich ihn, sich wieder an die schwierigen Zeiten zu erinnern und daran, was ihm damals geholfen hatte, diese zu überstehen. Und schließlich fragte ich ihn, welche der damals entwickelten oder erforderlichen Eigenschaften ihn heute dabei unterstützen könnten, die Sehnsucht nach seiner Familie mit Leben zu erfüllen.

Ich spürte, wie es in ihm arbeitete, und mit ein bisschen Unterstützung sprudelten Begriffe wie »kreativ«, »humorvoll«, »diplomatisch«, »spontan« oder »beschützend« ermutigend aus ihm heraus. Das Ergebnis machte ihn sprachlos. Für ihn war das, was er gelebt hatte, grausam und völlig bedeutungslos, ja geradezu abschreckend. Und nun erkannte er, dass er seine in einer sehr schlechten Zeit entwickelten Eigenschaften auch für etwas Sinnvolles einsetzen konnte. Er sah, dass sie wertvoll sind, egal unter welchen Umständen sie entstanden, und wurde sich gewahr, dass es genau die in seinen Krisen teuer erkauften Fähigkeiten sind, die ihm nun dabei helfen konnten, »seinen« Wert Familie besonders gut zu leben. Er bemerkte, dass sein ganzes, bisher ziemlich beschissenes Leben ihm dazu gedient hatte, ihn vielleicht sogar darauf vorbereitet hatte, ab jetzt genau das leben zu können, was ihm als Mensch wirklich wichtig ist. Ihm wurde bewusst, dass sich die Dinge nicht geändert hatten, wohl aber seine Einstellung, seine Haltung zu den Dingen.

Und mir wurde im Umgang mit Özden ein weiteres Mal bewusst, dass nicht jede Krise einen Sinn hat, aber wir jeder Krise einen Sinn geben können.

Die letzte Freiheit

Als Mensch habe ich immer die Freiheit, mich zu den Dingen so oder so einzustellen. Bei allem, was mir geschieht, geht es ganz besonders um die Frage meiner Einstellung, meiner Haltung. Denn nicht das Problem oder die Krise an sich machen die größten Schwierigkeiten, sondern eher unsere Sicht auf das Problem und unser Umgang damit. Ich kann sagen: »Mein Leben bestand nur aus Krisen, und ich habe nie die Chance bekommen, etwas daraus zu machen.« Oder aber ich kann wie Özden und viele Berliner Kollegen die Sichtweise wechseln und sagen: »Ja, ich habe viel Mist in meinem Leben erlebt. Aber ohne diese extremen Erfahrungen wäre ich jetzt nicht so gut vorbereitet auf das, was das Leben von mir in Zukunft will.«

Die andere, eher negative Sichtweise belastend mit sich herumzuschleppen, laufend mit seinem Schicksal zu hadern, anderen die Schuld oder Verantwortung für die krisenbedingten Befindlichkeiten und Umstände zu geben, ist eine wohl eher destabilisierende Denkweise, die mich auf dem direkten Weg in die Opferrolle zwängt. Und diese schürt innere Zweifel, Unsicherheit und das Gefühl, von anderen Menschen oder Dingen abhängig zu ein. Unklarheit, Zweifel, Spekulationen und Unterstellungen erzeugen Stress und rauben Energie, Energie, die uns beim Finden von sinnvollen Lösungen fehlt. Und Stress macht auf Dauer auch krank. Was daraus entsteht, ist Wut statt Mut für das Finden von Lösungen. Auch der Glaube kann eine wichtige Rolle spielen, denn der Glaube schenkt mir dort Sicherheit, wo mein Wissen endet. Ich glaube daran, dass es so und nicht anders ist oder war. Glaube schafft inneren Frieden.

Eine besondere Bedeutung fällt dabei dem Treffen von Entscheidungen zu. Entweder aus dem Wissen oder dem Glauben heraus. Solange ich keine Entscheidung treffe, wie ich mich zu den Dingen stelle, bleibe ich verzweifelt und in meiner Angst gefangen. Das Wort »Angst« kommt von »Enge«. Wenn wir ängstlich sind, sind wir in der Enge. Die Urangst des Menschen entsteht schon unter der Geburt, wenn wir durch die Enge hindurch das Licht dieser Welt erblicken. Dieses vom Benediktiner David Steindl-Rast gezeichnete Bild macht mir Hoffnung, denn es zeigt, dass etwas Neues entsteht, wenn wir durch die Angst hindurchgehen. Was es für diesen Schritt braucht, ist ein Vertrauen in das Leben. Und zwar das Vertrauen darauf, dass mir das Leben immer beschert, was ich brauche, auch wenn es mir vielleicht gerade nicht schmeckt.

Ich persönlich glaube daran, dass uns das Leben immer etwas zuruft, das uns zu unserer Berufung führt, so unangenehm oder beängstigend es auch manchmal sein mag. So wie es mir während meiner Zeit als Student in Hamburg widerfahren ist, als ich mit Gewalt zigmal an die Schwelle des Todes gezerrt wurde, um dann irgendwann im Vertrauen auf ein Leben nach dem Tod durch die Enge der Todesangst hindurchzuschreiten und eine Leichtigkeit zu erleben, die mich an meine Kindheit erinnerte: gegenwärtig, innerlich frei und zufrieden.

Das von David Steindl-Rast aufgezeigte Bild von Angst lässt aber auch erahnen, was passiert, wenn wir uns vor der Angst sträuben: Dann bleiben wir in der Enge stecken und verwehren uns die Chance darauf, etwas Neues (in uns) zu entdecken. Es ist also mehr die Angst vor der Angst als die Angst an sich, die uns stecken bleiben und uns fürchten lässt. Niemand ist verantwortlich für seine Angst, wohl aber dafür, wie er mit ihr umgeht. Die Angst zu erkennen, sie anzuerkennen und sich die Frage zu stellen, welche Gelegenheiten mir das Leben mit der Angst aufzeigen möchte, ist eine Möglichkeit, die Angst im Sinne des Lebens zu nutzen.

Ich habe damals das achttägige Martyrium überlebt und könnte mein Leben lang diesen Schicksalsschlag beklagen, meine Entführer verfluchen und die Entführung als Grund für all die Dinge vorschieben, die mir gerade mal wieder nicht gelingen. Doch tatsächlich empfinde ich eine erfüllende Dankbarkeit. Dankbarkeit für all die Gelegenheiten, die sich mir durch diese enorme Erschütterung einer heftigen Krise im weiteren Verlauf meines Lebens immer wieder offenbart haben. Wenn auch nicht sofort, sondern erst viele Jahre später. Und diese Zeitverzögerung ist eine Herausforderung im Umgang mit Krisen. Und es ist egal, ob es sich dabei um Ereigniskrisen wie die meiner Entführung oder um Entwicklungskrisen handelt. In der Regel ist nicht gleich zu erkennen, wofür diese Krise, in der ich mich gerade befinde, später einmal gut sein sollte. Es braucht dann genauso viel Geduld wie Vertrauen, um nicht auf der Strecke zu bleiben.

Auch bei meiner Entführung habe ich im Nachhinein den Sinn für etwas erkennen können, was mir seinerzeit sehr wehgetan hat. Aber dadurch, dass mir Menschen das Leben nehmen wollten, haben sie mir die Tür zu meinem tatsächlichen Leben geöffnet. Für mich ist der Schmerz inzwischen weg, und die Wunden sind verheilt. Und mit der Erfahrung, dass Wunden verheilen, ist auch die Angst vor der Betrachtung bestehender, aber auch weiterer Verletzungen kleiner geworden. Selbst die Wunden aus den Krisen unserer Kindheit können wir schließen, die jeder von uns erlitten hat. Manchmal spüre ich die Narbe der einen oder anderen Wunde noch, manche sind auch noch nicht völlig verheilt. Manchmal kommen Bilder. Ein anderes Mal Träume. Aber die Angst davor, vielleicht nicht wichtig genug zu sein, oder später, bei der Entführung, der innere Aufruhr der Ohnmacht, seinen potenziellen Mördern ausgeliefert zu sein, hat sich aufgelöst.

Mit der Krise beginnt die Wandlung, wenn wir es denn zulassen. Und zu jeder Wandlung gehört die Vergangenheit genauso wie die Gegenwart, mit allem, was dort noch verschüttet sein mag. Es ist und bleibt ein Teil von mir. Wenn dich die Ereignisse von außen bedrängen, dann wähle deine Einstellung zu den Dingen mit Bedacht. Wandel ist Ende und Anfang in einem – und Krise ist nichts anderes als ein anderes Wort für Wandlung. Doch der Wandel an sich erfolgt in der Stille, eingeschlossen in einen Kokon, der für die Raupe das Ende und den Schmetterling den Anfang bedeutet.

2 Patronin der Seuchen

Volle Kraft voraus

Die ersten für uns spürbaren Folgen der Corona-Pandemie ergriffen unser gewohntes Leben mit voller Wucht am Sonntag, den 15. März 2020. Die Welt erstarrte in einem historisch nicht gekannten Lockdown, weil etwas mikroskopisch Kleines die Menschheit angriff und plötzlich unsere ganze Verwundbarkeit zeigte, indem es unser bisher gewohntes Leben in einer für unsere Generation nicht gekannten Weise vor die Existenzfrage stellte. Die Wochen vor dem Lockdown waren bereits geprägt von kleineren Vorbeben, Unsicherheiten und Spekulationen. Ende Februar war ich eingeladen zum »Willow Creek«-Kongress in Karlsruhe mit 12 000 Teilnehmern – der vorzeitig wegen erhöhtem Infektionsrisiko abgebrochen werden musste, weil einer der Sprecher an Corona erkrankt war.

Die Spekulationen, dass wir bereits einer Pandemie gegenüberstanden, häuften sich in immer kürzerer Frequenz. Im Nachhinein kann man gut sagen, das war doch vorauszusehen. Ich bin mir aber sicher: Niemand hätte das, was dann kam, in dieser Dimension auch nur ansatzweise vorhergeahnt. Meine Frau Claudia hatte sich schon viel früher als ich von dem bedroht gefühlt, was da als unsichtbare Macht auf dem Weg in unser Leben war. Noch in der Woche vor dem Lockdown war ich für ein gemeinsames Abendessen mit einem Freund nach Frankfurt gefahren. Schon da fragte meine Frau: »Kannst du diese Reise überhaupt noch mit deinem Verantwortungsbewusstsein vereinbaren?«

Dann ging es um das Schließen der Schulen in Niedersachsen – in diesem Bundesland wohnen wir –, die Osterferien würden lediglich vorgezogen, hieß es da noch. Der Takt der Meldungen über Neuinfektionen steigerte sich. Wie zum Beispiel im Landkreis Tirschenreuth oder in Heinsberg, der Erstregion und Epizentrum der Pandemie in Deutschland, wo die Zahl der Infektionen unter anderem durch Starkbierfeste und Karnevalssitzungen nach oben schnellte.

Im März wollten wir, ausgerechnet am Freitag, den 13., noch die Hochzeit meiner Schwägerin in unserem Hotel auf Borkum feiern. Angesichts der Entwicklung war es lange fraglich, ob die Hochzeit überhaupt stattfinden konnte. Bei allen und allem, was mit der Begegnung von Menschen zu tun hatte, machte sich, forciert durch die sich überschlagende Nachrichtenlage, ein ungutes Gefühl bemerkbar. Viele der Gäste reisten aus dem Ruhrgebiet an, das sich wegen des Karnevaltreibens bereits zu einem Hotspot der Corona-Infektionen entwickelt hatte. Jeder wurde zur Vorsicht angehalten. Mit den Eltern, Onkeln und Tanten des Brautpaars waren natürlich auch die sogenannten Risikogruppen geladen, und so ging es auf dieser Hochzeit nunmehr nicht nur darum, den schönsten Tag des Lebens zu feiern, sondern zugleich den Infektionsschutz zu berücksichtigen. Das Brautpaar hatte allen Gästen gesagt, wer sich irgendwie unwohl fühle, solle bitte zu Hause bleiben. Einige sagten tatsächlich ab, manche drehten auf der Anreise wieder um. Täglich spitzte sich die Nachrichtenlage weiter zu, und es entstand ein diffuses Gefühl zwischen unglaublicher Vorfreude gekoppelt mit einer gehörigen Portion Unsicherheit. Aber unsere Zuversicht war bis zuletzt immer noch größer als jede Vorsicht und Furcht. Und so feierten wir allen Unkenrufen zum Trotz eine wunderschöne Hochzeit.

Noch fünf Tage vor diesem ersten Lockdown hatte ich ein Interview mit einem Redakteur der *Welt*, in dem er mich mit Blick auf die aktuelle Entwicklung auch nach meinen Befürchtungen fragte. Das Kuriose war, dass ich keine hatte. Trotz der deutlichen Vorzeichen schätzte ich die Lage sehr positiv ein – wir kamen aus der traditionell eher drögen Wintersaison und hatten einen extrem guten Jahresstart erwischt. Die Hotels waren trotz Nebensaison hervorragend belegt, und auch die Vorausbuchungen für die bevorstehende Sommersaison waren wesentlich höher als in den Jahren zuvor. Zudem waren wir bestens auf die sich anbahnende starke Saison eingestellt. Viele unserer Hotelmitarbeiter waren schon seit Beginn des Jahres im Flow. Ich sah viele lächelnde Gesichter, flüssige Bewegungen und strahlende Augen. In den operativen Bereichen des Unternehmens spürte ich aus den Rückmeldungen eine große Vorfreude auf ein erfolgreiches Jahr.

Sowieso hatte sich unser Unternehmen in den letzten Jahren nicht nur kulturell, sondern auch wirtschaftlich ganz gut gemausert. Die Umsätze haben sich in den vergangenen zehn Jahren nahezu verdreifacht. Aus Versehen sozusagen – eine wirtschaftliche Entwicklung in dieser Dimension hatten wir weder geplant noch für möglich gehalten. Sie hat sich als Folge unserer kulturellen Entwicklung eingestellt. Ein Nebenprodukt sozusagen. Für mich war sie ein Zeichen der Wirksamkeit für unsere am Menschen orientierte Arbeit. »Kümmere dich um die Menschen, dann kümmern sich die Ergebnisse um sich selbst« war das Motto, das ich viele Jahre zuvor nach einem persönlichen Treffen von Götz Werner, dem Gründer des Drogeriemarkts dm, für uns übernommen hatte. Wir haben einen sehr hohen Anteil an Stammgästen, denen es eben nicht egal ist, welchen Menschen sie im Hotel begegnen oder – besser noch – welche sie wiedersehen. Wer einmal bei uns war, kommt in der Regel gerne wieder, auch wenn es Ausnahmen gibt. Und das gilt ebenso für viele Mitarbeiter.

Wir haben eine niedrige Mitarbeiterfluktuation, die durchschnittliche Zugehörigkeit von Mitarbeitern ist um ein Vielfaches höher als in anderen Hotelunternehmen, und unsere Krankheitsquote liegt unter zwei Prozent. Während viele Betriebe über Nachwuchsmangel klagen, ist bei uns die Zahl der Bewerber auf freie Stellen deutlich gestiegen. Vor allem bei jungen Menschen, Quereinsteigern und Führungskräften weckten wir großes Interesse wegen unserer Art, Arbeit neu und sinnhaft zu definieren – sodass wir in manch einem Hotel jeden Ausbildungsplatz hätten mehrfach besetzen können. Und das war gut so, denn für das anstehende Jahr hatten wir noch die Eröffnung fünf weiterer Hotels und Ferienwohnungsanlagen geplant.

Mit dem Rückenwind unserer außerordentlichen Entwicklung der letzten Jahre hatten wir uns als Familie schon 2017 dazu entschieden, das Unternehmen in eine gemeinnützige Stiftung zu verwandeln, zu hundert Prozent. Das heißt, dass mit Abschluss dieser Wandlung alle Gewinne in gemeinnützige Zwecke fließen, welche die Mitarbeiter selbst im Vorfeld definiert haben. Jeder Mitarbeiter wird dann nicht nur wissen, dass er arbeitet, um seinen eigenen Lebensunterhalt zu verdienen, sondern auch, dass alles, was unter dem Strich übrig bleibt, in gemeinnützige Projekte investiert wird, die durch unsere Gemeinschaft im Unternehmen als sinnstiftend erachtet worden sind. Und solche Aussichten beflügeln nicht nur junge Menschen. Zu wissen, dass sie sich nicht für das persönliche Gewinnstreben von irgendjemanden krummmachen, sondern sich mit ihrer Arbeit gleichzeitig für Ziele einsetzen, die sie selbst als wertvoll erachten.

Ich war voller Freude, dass sich unser Unternehmen in einer guten Phase eines durchaus herausfordernden Wandlungsprozesses befand und wir uns unserem Zukunftsbild immer weiter annäherten. Gerade in diesem Jahr 2020, da waren sich viele von uns sicher, würden sich unsere bisherigen Limits in jeglicher Hinsicht noch einmal ein gewaltiges Stück nach vorne schieben. Wir hatten den Gashebel so richtig auf den Tisch gelegt, und unser Schiff nahm mit voller Kraft voraus enorm an Fahrt auf. Nein, ich sah keine Krise.

Doch dann häuften sich die schlechten Nachrichten. Die Infektionszahlen in immer mehr Ländern explodierten. Ende Februar hatte die Bundesregierung einen Krisenstab eingesetzt, was sonst nur bei besonderen Bedrohungslagen geschieht. Die WHO, die Weltgesundheitsorganisation, meldete weltweit insgesamt 3000 Todesfälle täglich und rief nach Wochen des Zögerns die Pandemie aus. Inzwischen hatte sich das neuartige Coronavirus in 115 Ländern ausgebreitet. In den USA wurde der nationale Notstand ausgerufen. Der DAX verzeichnete die höchsten Kursverluste seit den Terroranschlägen vom 11. September 2001. Am 5. März schloss Italien sämtliche Schulen und erklärte nach täglich weiter explodierenden Infektionszahlen und vielen Toten das ganze Land zur Sperrzone. Andere Länder folgten. Europa machte zu. Auch in Deutschland gab es die ersten Corona-Toten. Fast alle Bundesländer beschlossen, den Beginn der Osterferien vorzuziehen und Schulen und Kitas zu schließen.

Für unsere Kinder war das eine großartige Nachricht. Sie freuten sich einfach nur, nicht mehr zur Schule zu müssen. Als wir am Freitag, den 13., in der Früh mit dieser Nachricht im Gepäck auf der Fähre von Emden aus zur Hochzeit nach Borkum schipperten, wurde ich angesichts der Entwicklungen dann doch ein bisschen nachdenklich. Und das nur drei Tage nach dem Interview mit dem *Welt*-Redakteur. Noch auf dem Schiff erkundigte ich mich bei unseren Direktoren, wie ihre Einschätzung der Lage sei und welche Auswirkungen sie gerade zu spüren bekämen. Da war zum Beispiel Peter, unser Direktor auf Usedom, der plötzlich damit umgehen musste, weniger Mitarbeiter zu haben. Sie kamen aus Polen und durften nicht mehr nach Deutschland ein- beziehungsweise wieder ausreisen, ohne auf polnischer Seite in Quarantäne zu müssen. Solche Rückmeldungen brachten zwar Herausforderungen mit sich – aber gefühlt war zu dem Zeitpunkt noch alles händelbar. Denn Hotelier zu sein bedeutet vor allem eines: Unmögliches möglich machen.

Wir beobachteten alles sehr genau. Aber bislang hatten wir in den Hotels keine Abreisen. Auch die Gäste zeigten sich kaum alarmiert. Im Gegenteil. Viele verlängerten sogar noch, und aus den Großstädten kamen auffällig viele Buchungsanfragen. Irgendetwas hatte sich in Bewegung gesetzt. Offenbar wollten die Menschen raus aus der Enge der Städte, weg von möglichen Superspreadern – zu uns, auf die Inseln, wo sie bei frischer Seeluft in der Weite der Natur wohl ein geringeres Ansteckungsrisiko vermuteten. Denn da lag etwas in der Luft.

Es war zu spüren, dass da irgendetwas Größeres auf uns zurollte. Eine Welle, von deren Ausmaß wir uns nicht ansatzweise eine Vorstellung machen konnten. Irgendwie warteten, glaube ich, sehr viele Menschen darauf, dass wie in einem Gruselfilm oder Thriller irgendetwas aus der dunklen Ecke springt. In Ostfriesland sah die Welt allerdings noch anders aus. Wie immer.

Auf Borkum spazieren gehend postete ich via Facebook folgenden Satz: »Frische Luft und ein bisschen Abstand ist das, was wir jetzt brauchen.« Dazu postete ich ein Bild von der Unendlichkeit des Borkumer Strands. Ich postete das in der Gewissheit, dass eine frische Brise gesunder Nordseeluft jedes Virus wegpusten würde und die Weite der Natur beste Voraussetzungen bot, sich nicht anzustecken. Noch nie habe ich auf einen Post eine so starke Resonanz erfahren. Und so war ich umso mehr der vollen Überzeugung, dass unsere Ferienregion wegen ihrer Randlage abseits der Ballungsräume sehr viel weniger betroffen sein würde als die großen Metropolen. Ja, ich war an diesem Morgen voller Erwartungen auf die beginnende Sommersaison, in der coronabedingt noch mehr Menschen als sonst den Schutz der Inseln ihren Wohnungen in den übervölkerten Großstädten vorziehen würden. Wer, wenn nicht wir, wird am ehesten verschont bleiben von den Auswirkungen dieses Coronavirus aus dem fernen China, so dachte ich. Was für ein Trugschluss.

Kontrolle ade

Als wir am Samstag nach Emden zurückkehrten, hatte uns eine sehr schöne Hochzeitsfeier vergessen lassen, dass es ein Morgen gibt. Wir freuten uns auf ein ruhiges und entspanntes Familienwochenende und ein bisschen Erholung von den schönen Feierlichkeiten. Und nichts schien diese Ruhe zu trüben. Es war sonnig, windstill, und der März präsentierte sich von seiner allerbesten Seite; so wie bisher das ganze Jahr. Was wir nicht ahnten war, dass nicht nur das Wetter am nächsten Tag umschlagen würde, sondern auch die grundsätzliche Entwicklung eines vermeintlich rosaroten Jahresverlaufs. Wir ahnten nicht, dass die Welt noch einmal Luft zu holen schien, bevor sie uns auf die Intensivstation schicken würde.

Dann kam der Sonntag. Ein regnerischer, windiger Tag ohne Sonne, mit so tief hängenden Wolken über den Weiden, Feldern und Kanälen Ostfrieslands, dass man hineingreifen wollte. Am Nachmittag war ich zum zweiten Mal mit Parlo, unserem Hund, unterwegs. Vollkommen entspannt lief ich durch sanft fallenden Nieselregen und spielte mit ihm. Unser Hund ist ein ganz wunderbares Wesen. Er sieht aus wie der Glücksdrache Fuchur aus Michael Endes *Die unendliche Geschichte*. Kaum ein Jahr alt – und doch kann er schon so viel. In dieser Stunde mit Parlo war ich ganz in der Natur, ganz im Hier und im Jetzt, so wie ich es als Kind geliebt hatte. Der Hund ist unser aller Buddy. Das sechste Glied meiner fünf Menschen zählenden Familie. Die Zeit mit ihm ist mir »heilig«, ganz besonders morgens, wenn der Spaziergang Teil einer morgendlichen Routine ist, die mich gut in den Tag kommen lässt. Keine Termine. Keine Telefonate. Einfach nur Natur und Hund. Abschalten. Kraft tanken. Im Zusammensein mit dem Tier in einer Landschaft, über die ewig der Wind weht, entsteht ein Gefühl für Gegenwärtigkeit, ein Gefühl, das sich nur entwickelt, wenn ich mich dagegen entscheide, auf irgendetwas zu warten. Nicht gehen, um irgendwo anzukommen, sondern einfach spazieren gehen. Einfach sein. Gelassen.

Als ich an diesem Sonntag mit dem Hund nach Hause zurückkehrte, war es mit der Gelassenheit schnell vorbei. Schon von Weitem sah ich meine Frau mit einem Gesichtsausdruck in unserer hell erleuchteten Haustür stehen, den sie nur hat, wenn etwas sehr Bedeutsames passiert ist. Noch während ich weiter auf sie zuging, tauchte blitzartig ein Empfinden auf, das ich zur Genüge aus der Zeit kannte, als meine Mutter mich am 12. Mai 2007, gegen neunzehn Uhr anrief und nur sagte: »Komm sofort nach Hause!« Auch damals war mir sofort klar, dass etwas Schlimmes passiert sein musste, und so setzte ich mich mit einem Gefühl ins Auto, das ich nie wieder vergessen werde und dem so nahekommt, das sich in diesem Augenblick in mir breitmachte. Damals empfing meine Mutter mich an ihrer Haustür mit einem ähnlichen Gesichtsausdruck, wie Claudia ihn jetzt hatte, und dem Satz: »Hier sind Polizisten, die sagen, dass Papa ein Unglück mit dem Flieger hatte.«

Mit mulmigem Gefühl schritt ich nun zügiger als üblich auf Claudia zu, und bevor ich sie erreichte, rief sie schon: »Bodo, die machen die Inseln dicht!« Claudia hatte den n-tv-Nachrichtenticker auf ihrem Handy, und in einer Eilmeldung hieß es, dass die Landesregierung von Schleswig-Holstein sich dazu entschieden hatte, alle Inseln für Außenstehende zu schließen. Ich blieb abrupt stehen und brauchte einen Moment, bevor ich das Gehörte auch nur ansatzweise erfassen konnte. Die aus diesem Satz entsprungenen Gedanken zogen mir regelrecht die Füße unter meinen Beinen weg, und ich erinnere mich noch genau, wie ich, ganz in mich gekehrt, ins Leere sprach: «Das ist nicht gut.«

Wie unter einer Käseglocke gefangen, gingen Claudia und ich ins Haus, das Handy in der Hand, auf die Nachrichten schauend, als würden sich auf dem Bildschirm gruselige Szenen abspielen. Wortlos setzten wir uns aufs Sofa und schalteten die Nachrichten auf allen Fernsehkanälen an, einschließlich n-tv, hörten verschiedene Rundfunksender, schauten, was auf Twitter und Facebook gepostet wurde, und scannten die Online-Nachrichtenportale der Leitmedien, um möglichst alle Informationen aufzunehmen und einzuordnen. Es schien, als wären die Regierenden selbst überrascht von der eigenen Anordnung, weil sich im Chaos der

sich widersprechenden Nachrichten alle Augenblicke die Lage
änderte. Die Regierungsbeschlüsse waren »unverzüglich« umzusetzen – aber wie? Dieses Durcheinander, die unklaren Meldungen verhießen nichts Gutes, nicht nur für die Inseln Schleswig-
Holsteins, sondern für alle Küstenregionen.

Die politischen Entscheidungen stellten uns vor vollendete
Tatsachen. Es fing mit der Insel Föhr an, wo es hieß, noch am
selben Tag müssten sämtliche Gäste bis sechs Uhr abends die
Insel verlassen haben. Ich zählte eins und eins zusammen und
brauchte kein Meister der Mathematik zu sein, um schnell zu
begreifen, dass der Schließung unseres Hotels auf Föhr weitere
Schließungen auf den anderen Inseln und dem Festland folgen
würden. »Bodo, die machen die Inseln dicht!« reifte in meinem
Bewusstsein zu einer Erkenntnis: Hier ging es gerade darum, dass
uns unsere Existenzgrundlage entzogen werden sollte.

Nur kurz darauf folgten dann sämtliche Inseln an Nord- und
Ostsee mit einer Abreiseverfügung. Damit waren alle Hotels und
Ferienwohnungsanlagen unseres Unternehmens für unbestimmte
Zeit aus dem Rennen. Die Osterferien müssten wir wohl oder
übel abschreiben. Auf unabsehbare Zeit kein Umsatz, keine Einnahmen. Nur laufende Kosten in enormer Höhe. Und das jetzt,
im Frühjahr, wo unsere »Kornspeicher« ohnehin leer waren.

»Das ist nicht gut, das ist überhaupt nicht gut!«, sagte ich. Von
hundert Prozent auf null, ins Nichts, mit nur einer Meldung.
Eine monatelange Schließung ohne jede Einnahme würden wir
nicht überstehen. Wir kamen aus der Nebensaison, und unsere
im Vorsommer aufgebauten Reserven waren nahezu verbraucht.
Ostern spielt nach dem Winter für uns eine wichtige Rolle. Der
Winter ist für uns ein bisschen so wie ein Fußmarsch durch die
trockene Wüste. Und nach Monaten der Trockenheit ist Ostern
wie eine Oase, in der wir uns stärken und erfrischen können.

Und diese Oase entpuppte sich nun als Fata Morgana. Wie lang der Weg in der trockenen Wüste nun noch andauern würde, war uns nicht bekannt, und das machte die Situation für uns noch bedrohlicher. Jede Meldung war wie ein Peitschenhieb, der nicht nur sämtliche Prognosen für eine wundervolle Rekord-Saison zerstörte, sondern die gesamte Existenz unserer Unternehmung und unserer über 700 Mitarbeiter infrage stellte.

Immer weiter verfestigte sich das Bild, dass das, was hier an Informationen auf uns einprasselte, bitterer Ernst war, und die sich aus den unterschiedlichsten Teilen meines Hirns zusammenfügenden Gedanken gestalteten eine genauso diffuse wie äußerst beunruhigende Kulisse. Ohnmacht, Fassungslosigkeit, Unglaubwürdigkeit. In Bruchteilen von Sekunden überwältigten mich Gefühle, wie ich sie nicht nur bei der Nachricht vom Tod meines Vaters empfunden habe, sondern auch bei meiner Entführung im Jahr 1998. Diese Momente, in denen ich von meinen Widersachern überwältigt worden bin und mein Leben für den Zeitraum von acht Tagen in den Händen dieser völlig unberechenbaren Menschen lag. Machtlos.

Ein zerplatzter Traum und zwei Meisen

Nach all den vergangenen Krisen stand ich endlich ganz oben, surfte selbstvergessen auf einer herrlichen, gleichmäßigen Welle des Erfolgs. Der Laden lief. Haus gebaut. Bäumchen gepflanzt. Drei gesunde und großartige Kinder, eine einzigartige Ehefrau, mit der ich tief verbunden bin. Angeln direkt hinter dem Haus. Hund. Ein genauso abenteuerliches wie sinnerfülltes Leben, in dem nach jedem Tief auch ein Hoch folgte. Ein Leben, wie ich es mir nicht schöner wünschte. Seltsamerweise hatte ich gerade in den letzten Monaten keinen Zweifel, es würde endlos so weitergehen. Seltsamerweise deshalb, weil ich als eine Folge meiner Entführung immer dann, wenn es richtig gut lief, das Gefühl entwickelte, gleich kommt der Hammer – und dann ist es vorbei. Vor meiner Entführung war ich auch in einer Art Hochphase gewesen. Nur in ganz anderer Qualität als jetzt, wesentlich oberflächlicher und materieller. Aber aus Sicht eines Vierundzwanzigjährigen befand ich mich damals in einer absoluten Hochphase – ich war im Begriff, in eine Traumwohnung umzuziehen, und hatte als Model jede Menge Shootings rund um den Globus. Und dann wurde ich aus diesem Hochgefühl heraus gekidnappt und in meine erste wirklich ernsthafte Krise befördert.

Eigentlich wollte ich an jenem Abend des 6. Juni 1998 mit meinem Kumpel Volker ausgehen, Party machen. Bevor wir jedoch in Richtung Hamburger Kiez loszogen, machte Volker den Vorschlag, von einem Mieter die noch säumige Miete zu kassieren. Und so machten wir uns auf den Weg in eine Wohnung, in der sich jener säumige Mieter aufhalten sollte. Als wir dann in die Wohnung eintraten, sah ich schon aus dem Augenwinkel maskierte und mit Pistolen bewaffnete Gestalten auf mich zustürzen. Binnen Sekunden wurde ich überwältigt und fand mich nach kurzem Gerangel gefesselt auf einem Bett liegend wieder. Das war der Beginn einer achttägigen Odyssee, in der es, wie ich erst später erfuhr, darum ging, von meinen Eltern Geld für meine Freilassung einzustreichen. Eine Freilassung, die laut späteren Geständnisses meiner Entführer nie hätte geschehen sollen.

Dass immerwährende Stabilität aber nicht dem Verlauf entspricht, in den uns das Leben stellt, hatte ich verdrängt. Doch Leben bedeutet Wandel – Lebenswandel bedeutet stete Veränderung, bestehend aus Höhen und Tiefen. Und meist nehmen wir Veränderung in unserem Leben zunächst als Krise wahr. Ob als Entführung, ein Change-Projekt im Unternehmen, eine Pandemie oder Midlife-Crisis. Ob Ereignis- oder Entwicklungskrise, in der Regel ist anschließend etwas anders, als wir es bisher gewohnt waren. Tatsächlich ist das ganze Leben, wenn wir es genauer betrachten, eine Abfolge von Krisen, kleinen wie großen, eine einzige Übung im Abschiednehmen und im Loslassen, eine Demutsübung sich selbst und dem Leben gegenüber.

Nicht lange nach dem Einschlag des Virus schlich sich das Gefühl ein, dass mir diese Demut in den letzten Jahren, in denen eine Erfolgsmeldung die nächste jagte, ein bisschen abhandengekommen und der Erfolg zur Gewohnheit geworden sein könnte. Ich hatte mich in Sicherheit gewiegt, dass ich nie wieder an diesen Punkt kommen würde, wo alles Erreichte völlig infrage gestellt war. Und jetzt hatte meine Frau mit einem einzigen Satz ungewollt alles zum Einsturz gebracht: »Bodo, die machen die Inseln dicht!«

Die vielen Jahre harter Aufbauleistung auf dem von uns sogenannten Upstalsboom-Weg, die intensive Erarbeitung unserer Werte und Visionen als Leuchttürme unseres Tuns in zahllosen Kursen, die Unterstützung und Begleitung der Persönlichkeitsfindung im Curriculum, die Stärkung des psychischen, physischen und sozialen Wohlbefindens der Mitarbeiter in unserem sich gerade entwickelnden Gesundheitszentrum, unsere Schulprojekte in Afrika, unsere zum Teil sehr extremen Azubi-Touren auf den Kilimandscharo und in die Arktis, wo es darum ging, jungen Menschen zu vermitteln, was sie können, von dem sie angenommen hatten, es nicht zu können. Dieses Lebenswerk namens Upstalsboom-Weg mit all diesen wundervollen Menschen, die sich bei uns zusammengefunden hatten und mit ihrer positiven Energie unterwegs waren, der gesamte Sinn und Zweck unseres gemeinsamen Handelns in den vergangenen Jahren – das alles würde sich in kürzester Zeit in Luft auflösen und wäre für immer verloren. Ich konnte nichts anderes denken als: Das war's! Unsere Idee einer neuen, am Gemeinwohl und dem Wohl des Menschen orientierten Wirtschaft als Grundlage für ein gelingendes Leben, unsere ganzen Pläne zur Persönlichkeitsentwicklung der Mitarbeiter, die Umwandlung des Unternehmens in eine gemeinnützige Stiftung – auch meine eigene Zukunft und die meiner Familie: Plötzlich stand alles auf der Kippe.

Ich schaltete komplett ab. Ich wollte mich sammeln und einen klaren Kopf bekommen. Ich schaute mich um, schaute auf das, was von uns mit so viel Liebe in den letzten zwei Jahren aufgebaut worden war – und bekam Angst, alles zu verlieren. Eine Bleibe auf Abruf. Ein Gefühl, als würden gleich die Umzugswagen eintreffen und fremde Menschen uns unser Zuhause nehmen. Mein Blick fiel auf den alten Baumbestand unseres Gartens und auf den schönen Naturteich hinter unserem Haus. Ich saß gerne auf unserem Sofa mit Blick nach draußen, ganz besonders dann, wenn ich müde und erschöpft war oder über etwas nachsinnen wollte. Ein Platz, der jetzt ebenfalls nicht länger uns zu gehören schien.

Alles schien aus den Fugen zu geraten, löste sich auf, und ich schaute mit der festen Überzeugung um mich herum, bald alles zurücklassen zu müssen. Ein furchtbares Gefühl. Die Sicherheit war fort. Ich bin nicht der Mensch, der gleich anfängt, über alles zu reden, aber in diesem Moment hat mich das Destruktive der sich verselbstständigenden Gedanken voll erwischt. Die Umstände erschienen mir einfach zu mächtig, und die Nachrichten wirkten auf mich wie eine Tsunamiwelle, die alles Geschaffene wegzuwischen drohte.

Ich saß einfach da. Meine Frau kennt das – nicht die Gedanken, aber das Dasitzen – und lässt mich dann in Ruhe. Ich versuchte die Fülle an Informationen in Ruhe zu ordnen, zu verstehen, was das alles konkret bedeuten würde, was da gerade geschah. Warum ausgerechnet jetzt, wo alles so gut lief? Wieso kommt eigentlich immer dann etwas dazwischen, wenn die Perspektiven nach Jahren der genauso unruhigen wie anstrengenden Aufbauarbeit endlich Ruhe und Sicherheit versprachen?

Ich sah den Schatten der Zahlungsunfähigkeit auf uns fallen, denn es würde nicht lange auf sich warten lassen, bis wir Rechnungen nicht mehr bezahlen konnten. Das hatten wir in unserer Unternehmensgeschichte doch schon einmal erlebt. Wozu das alles noch mal? Womöglich war dieses Mal nicht nur ein Unternehmen unserer Unternehmensgruppe betroffen, sondern alles. Das Gesamtunternehmen. Hunderte Menschen würden ihre Arbeitsplätze verlieren, und der Traum des Upstalsboom-Wegs würde zerplatzen wie eine Seifenblase. Und die nicht weniger schlimme Konsequenz wäre, dass uns nichts mehr bliebe, nicht einmal mehr unser Haus, das wir mit so viel Geduld und Liebe für uns als Familie geplant und realisiert hatten. Jeder übrig gebliebene Cent war in dieses Haus geflossen.

Ich dachte an Claudia, die mit einem so unglaublichen Gespür für Form und Farben alles dafür getan hatte, dass aus dem Haus ein echtes Zuhause wurde. Ich dachte an das Lachen unserer unbeschwerten Kinder im Garten, der so schön war, dass wir im Grunde auf jeden Urlaub hätten verzichten können. Ich sah wieder in den Garten, der im Geiste gerade noch von den lachenden und spielenden Kindern in Beschlag genommen wurde. Doch dann zog plötzlich ein Blaumeisen-Pärchen meine Aufmerksamkeit auf sich. Es schien damit beschäftigt zu sein, Material für den Nestbau zu sammeln. Während das Männchen auf unserem Gartentisch an den Resten eines Wollkranzes zupfte, saß das Weibchen auf der Lehne eines am Tisch stehenden Stuhls und schaute zu, ob das Männchen auch ja die richtigen Materialien herauszurrte. Wie sorgenfrei, ja geradezu spielerisch mir diese beiden Vögel bei dem Verrichten dieser Lebensaufgabe erschienen. Woran sie wohl vor hundert Jahren gezupft hätten, als es noch keine Wollkränze in dieser Form gab?

Weiter dachte ich darüber nach, wie unbeirrt diese Vögel dem von Menschenhand gemachten Wandel begegnen. Wie bedeutungslos dieses Virus für sie zu sein schien. Dabei hatte sich für sie durch den Einfluss des Menschen alles verändert. Doch irgendwie erschien es mir, dass sie trotz aller Veränderungen, trotz der massiv gewordenen Einschränkungen weiter ihren Dingen nachgehen. Kein Gezeter, kein Klagen, sie passen sich den neuen Umständen an und erfüllen die Aufgaben, die dem Fortbestand ihrer Vogelfamilie dienen. Futter suchen, Baumaterial ausfindig machen, Nest bauen. Brüten. Aufziehen. Sich dem von Menschenhand forcierten Wandel fügen und mit dem zurechtkommen, was ihnen der Mensch noch gelassen hat.

Ich fing an, diese beiden Vögel dafür zu beneiden, wie unbeirrt von allem sie ihrem Tagesgeschäft nachgingen. Corona? Corona schien ihnen vollkommen egal, denn sie hatten nichts zu »verlieren«. Und sowieso glaube ich, dass sich Vögel darüber weder Gedanken machen können noch wollen, ob es gerade irgendetwas zu verlieren gibt. Sie sind einfach da, in diesem Moment, und für sie zählt nichts anderes als dieser Moment. Keine Gedanken wie die, unter denen wir leiden, keine Zukunftsängste, kein Hadern mit der Vergangenheit. Einfach frei! Frei von dem, was war oder sein könnte. Nichts, woran sie festhalten, so wie ich gerade.

Auf einmal spürte ich, wie in mir eine alte Leier hochkam, die sich immer dann in meinem Kopf einnistet, wenn mir meine

Gedankengänge wieder einmal mächtig auf den Geist gingen: »Die Art und Weise, wie Gott den Menschen aus dem Paradies geworfen hat, war, ihm einen Verstand zu geben.« Ich glaube, dass es nur unsere Gedanken sind, die uns das Leben immer wieder zur Hölle machen. Und in genau diesem Moment hatte ich das Gefühl, in der Hölle zu schmoren. Ich wünschte mir nichts weiter, als einer dieser Vögel zu sein. Gedankenfrei.

Aber anstatt mich von meinen Gedanken zu befreien, wandte ich meinen Blick von den Vögeln ab und schaute in ein tiefes, pechschwarzes Loch, das mich einzusaugen drohte und aus dem kein Lichtstrahl zu entkommen schien. Ja, da war sie wieder, die Angst. Wie schon so häufig in meinem Leben. Todesangst bei der Entführung und auf dem Kilimandscharo, als ich kurz vor Erreichen des Gipfels bewusstlos wurde und noch am Berghang liegend glaubte, meine Rückreise im Frachtraum des Fliegers antreten zu müssen und meine Familie niemals wiederzusehen. Angst um das Leben unserer Tochter nach einem schweren Fahrradunfall, nachdem ich zusehen musste, wie sie samt ihrer Mutter mit einem Helikopter ins Krankenhaus geflogen wurde und ich nicht wusste, ob ich sie lebend wiedersehe. Angst vor den wirtschaftlichen Konsequenzen für unser Unternehmen. Angst davor, keine Rechnungen mehr bezahlen zu können, als ich mich selbstständig gemacht hatte und die Geschäfte zunächst sehr schlecht liefen. Angst vor sich nähernden Eisbären in der Arktis. Angst vor den Konsequenzen dieser gruseligen Mitarbeiterbefragung, in der mir meine Mitarbeiter im Jahr 2010 sehr deutlich zu verstehen gaben, dass sie einen anderen Chef als mich bräuchten.

Wie ich da so auf dem Sofa saß, fing ich an zu weinen, denn zu der Angst und Trauer, etwas zu verlieren, schlichen sich langsam auch Ohnmacht, Wut und Verzweiflung ein. Ich war wütend auf die Regierung und fragte mich, wieso wir die Rechnungen für etwas zahlen sollten, das wir nicht selbst zu verantworten hatten. Und ich spürte, wie sich meine Wut auch immer stärker gegen das Verhalten der Menschen an sich richtete. Ich sah Bilder vor mir von einer Menschheit, die im Begriff und auf dem besten Weg war, sich und den Planeten zu zerstören, die selbstsüchtig, egoistisch, heuchlerisch, oberflächlich, neidisch und lebensverachtend war, eine Menschheit, die permanent auf der Suche nach dem schönsten Kleid, der teuersten Uhr, den neuesten Smartphones oder dem schnellsten Auto war, die alles um sich herum vergaß, ganz besonders ihre Familien, Kinder und die unzähligen armen Menschen auf dieser Welt. Ich war zornig auf Menschen, die aus ihren gekränkten Egos heraus gewalttätig wurden oder gar Kriege anzettelten, auf Medien, die mit ihrer auflagenorientierten Informationspolitik ihre Leser in Panik versetzten und mit ihren Nachrichten dieser ewigen Spirale reichlich Futter lieferten. Eine Zuschauergesellschaft, in der sich die Menschen beschweren, ohne selbst etwas dafür zu tun, dass sich die Situation verändert.

Und mir kamen Bilder von einem Virus als Jüngstes Gericht, das den ohnehin viel zu vielen Menschen auf unserer Erde, diesem stetig wachsenden Krebsgeschwür, das der Schöpfung die Luft zum Atmen nimmt, nun den Garaus machte. Und das Furchtbare war, dass auch ich mich mal mehr, mal weniger in diesen Bildern wiederfand. Das, was sich hier durch das Virus anbahnte, kam mir vor wie ein Realitäts-Check, der wie ein Brennglas all das aufzeigte, was bei mir persönlich, aber auch bei den Menschen und der Welt im Argen lag.

Ich bebte innerlich, weinte wie ein wütend-trauriges Kind und vergrub mein Gesicht in die langsam feucht werdenden Kissen unseres Sofas. Ich weiß nicht mehr, wie lange das so ging, aber irgendwann legte sich mein innerer Sturm der Entrüstung, öffnete meine verquollenen Augen und blickte wieder nach draußen auf die Vögel, die immer noch oder schon wieder und völlig unbeeindruckt von allem damit beschäftigt waren, am Kranz zu zupfen. Wut und Verzweiflung waren verflogen, ein diffuses Gefühl von Angst war aber geblieben. Ich fühlte mich leer, und ohne mich auf etwas Gegenständliches zu fixieren, schaute ich einfach weiter nach draußen. Nach und nach, ganz vorsichtig, betrachtete ich noch einmal meine vorherigen Gedanken. Ich fing an, mich zu schämen, denn es war erschreckend, welches Menschen- und Weltbild sich angesichts dieser Krise in mir offenbarte. So pauschal. So negativ. So schlecht.

Einmal mehr wurde mir angesichts des Gesehenen bewusst, wie sehr eine Krise auf all das hinweist, was in mir noch nicht stimmig ist. Dass meine Emotionalität nichts anderes als Ausdruck meiner noch bestehenden Unreife ist und ich auf meinem Weg zu innerem Frieden noch ziemlich am Anfang stehe. Meine Gedanken wurden schließlich klarer, und Stück für Stück gewann ich Teile meiner geistigen Lufthoheit zurück.

Eine für mich wichtige Erinnerung in diesem Moment war eine Aussage, die ich im Rahmen eines Klosteraufenthalts gehört und für mich schätzen gelernt habe: »Nimm deine Gedanken nicht so ernst, glaube nicht alles, was du denkst!« Ein Gedanke ist nur solange gefährlich, solange wir glauben, dass er wahr ist. Unsere Gedanken geben immer vor, die einzig richtigen und wichtigen zu sein. Aber wir dürfen uns ruhig zwischendurch die Frage stellen, wer hier eigentlich das Sagen hat, wer hier wen beherrscht. Beherrsche ich meine Gedanken – oder meine Gedanken mich? Auch dazu erfuhr ich im Kloster einen praktischen Ansatz, um sich nicht mit seinen Gedanken zu identifizieren, sich nicht von ihnen gefangen nehmen zu lassen. Es macht näm-

lich einen großen Unterschied, wenn ich sage: »Ich denke« oder:
»In mir entstehen Gedanken.« In der zweiten Aussage liegt eine
Distanz zwischen mir und meinen Gedanken, und das kann mir
sehr dabei helfen, mich nicht in ihren Bann ziehen zu lassen. Mir
war das gerade nicht gelungen, aber jetzt spürte ich, dass ich wieder stärker wurde.

Ich schaute auf weitere sehr wichtige, nun aber aus meiner
aus der Lufthoheit entstandenen Gedanken. Ich machte mir klar,
dass ich nichts versäumt, keine bewussten Fehler gemacht hatte.
Der Ausbruch dieser Pandemie lag jenseits meiner Verantwortung. Es war sehr erleichternd, sich keine Vorwürfe machen zu
müssen, etwas Sinnvolles unterlassen zu haben. Weiterhin überlegte ich: So wie ich sind gerade ganz viele Menschen von den
Auswirkungen dieses Virus betroffen, und nun kommt es darauf
an, dass wir hier gemeinsam einen Weg finden, mit diesen besonderen Umständen umzugehen. Ich war noch in der Betrachtung dieser mich erleichternden Gedanken, als die Stille plötzlich
durch ein überlautes »PING« durchschnitten wurde.

Was wir alleine nicht schaffen

Es kam aus meinem Handy, so überraschend durchdringlich, dass
ich zusammenzuckte. Carsten, ein Mitarbeiter aus unserer Zah-
len- und Vertragswerkstatt, meldete sich über WhatsApp mit der
Nachricht, dass er schon mit weiteren Upstalsboomern im Austausch darüber sei, was zu tun ist und wie wir uns organisieren
sollten. Ich schaute auf diese Worte und spürte, dass sie nahezu
magisch Energie in mir freisetzten. Aber es war nicht nur die

Nachricht an sich, die dazu führte, sondern auch das »PING«, das Erinnerungen auffrischte. Gerade in herausfordernden Situationen ist der mit einer SMS einhergehende Klang bei mir unweigerlich mit meiner Entführung verknüpft, und die steht für zwei sehr wertvolle Erfahrungen im Zusammenhang mit Krisen: Du bist nicht allein. Alle Krisen sind endlich.

Gerade in schwierigen Zeiten gab es Menschen, die da waren, wenn ich sie brauchte: meine Eltern und die Soko, die Sonderkommission, bei der Entführung, die Armada an Ärzten für unsere Tochter, die Sherpas und Azubis am Hang des Kilimandscharo, der Fahrer des rettenden Schlauchboots bei den Eisbären, die Mönche im Kloster der Benediktiner nach der erschreckenden Mitarbeiterbefragung. Und allen voran die eigene Familie, die immer da war, egal was passierte. Und die Krisen waren endlich! Im Nachhinein betrachtet nahmen sogar alle ein gutes Ende. Wenn auch nicht im Moment des Geschehens absehbar, haben alle Situationen dazu geführt, als Mensch zu wachsen, sich zu entwickeln. Jedes einzelne dieser Ereignisse führte letztlich dazu, einen Schritt im Leben weiterzukommen.

Das »PING« war wie ein Weckruf, wie etwas, was mich aufforderte, mich weiter aus dem Wust meiner lähmenden Gedanken zu befreien und aktiv zu werden. Und tatsächlich machte es in diesem Moment an mehreren Standorten des Unternehmens, aber auch in genauso vielen Haushalten »PING«. Überall waren Menschen dabei, sich zu vernetzen, auszutauschen und sich zu organisieren. Kaum jemand starrte wie das Kaninchen auf die Schlange, unfähig sich zu bewegen, sondern zeigte Bereitschaft, in dieser unübersichtlichen Situation zu handeln.

Eine ganze Reihe von Mitarbeitern hatte sich von sich aus zusammengeschaltet, ohne dass es dazu irgendeiner Anweisung bedurfte. Sie verbanden sich digital, um den Auswirkungen der

Regierungsbeschlüsse etwas Sinnvolles entgegenzusetzen. Erste Antworten auf viele der Fragen wurden gefunden, die diese neuartige Lage mit sich brachte, und immer mehr Menschen im Unternehmen ließen den Antworten Taten folgen. Schon nach wenigen erhaltenen Nachrichten schien es mir so, dass viele im Team so reagierten, wie wir sie in unserer jahrelang vorausgegangenen Kulturentwicklung immer wieder inspiriert und ermutigt hatten: als Menschen, die dazu bereit und fähig sind, Verantwortung zu übernehmen. Menschen, die Entscheidungen treffen und sie in die Tat umsetzen. Nur die wenigsten warteten auf einen Startschuss von mir. Sie legten einfach los.

Und jetzt klingelten sie durch, um zu fragen, ob ich nicht dabei sein will? »PING!« Innerhalb einer halben Stunde war klar, was die ersten Schritte sein würden. Wir erweiterten rasch den selbst initiierten Krisenstab um weitere Mitarbeiter und fassten alle in einer WhatsApp-Gruppe zusammen. Wir beschlossen, uns am folgenden Montagmorgen in dieser zunächst noch kompakten Gruppe um sechs Uhr in der Zentrale des Unternehmens in Emden zu einer Bestandsaufnahme, zu einem ersten Brainstorming zu versammeln. Nach dem Austausch wollten wir die Direktoren der einzelnen Standorte hinzuziehen, weiter beraten und danach alle Mitarbeiter via Zoom in einer digitalen Ansprache über den aktuellen Stand und die nächsten Schritte informieren. Das Ziel war, gar nicht erst Unruhe aufkommen zu lassen, sondern von Beginn an Transparenz zu schaffen. Ganz besonders in den Punkten, wo wir selbst keinen blassen Schimmer davon hatten, wie es weitergeht. Und davon gab es sehr viele.

Als ich am Sonntagabend nach vielen Telefonaten und WhatsApp-Runden später als sonst zur Ruhe kam, musste ich noch einmal denken. »Du bist nicht allein.« Das hatte ich auch an diesem Nachmittag wieder erfahren dürfen. Es fühlte sich großartig an, zu wissen, dass sich so viele Upstalsboomer ein Herz gefasst und sofort gehandelt hatten. Und dass auch diese Krise endlich sein wird, auch davon war ich überzeugt.

Aber da war noch etwas, etwas sehr Entscheidendes, was ich durch meine Entführung begriffen hatte. So werden wir in vielen Krisen auf das absolut Notwendige und damit Wesentliche zurückgeworfen. Was nicht wirklich wichtig ist, spielt in einer Krise keine bedeutende Rolle. In einer Krise finden wir heraus, wofür es sich lohnt, sich einzusetzen. Die Bilder aus den Tagen meiner Gefangenschaft verketteten sich mit denen des plötzlichen Tods meines Vaters. Sie erschienen mir wie Mahnmale, die mir gerade in diesem Moment noch einmal deutlich machen wollten, wie abrupt das »Höher, Schneller, Weiter« unserer Gesellschaft zu Ende sein kann und wie sehr unsere Existenz auf Sand gebaut ist. Nichts von den selbst geschaffenen materiellen Gütern können wir mitnehmen, wenn wir von dieser Welt gehen. Das Haben ist vergänglich, das Sein aber nicht. Das gilt für jedermann.

Was da hochkam, waren Erlebnisse aus meiner Kindheit und zuletzt sehr starke, sehr liebevolle Bilder von mir und meinen Eltern kurz nach meiner Befreiung durch das Hamburger SEK, das mich unter der Führung von Reinhard Bromm aus den Händen meiner Entführer befreite. Das Gefühl des Wiedersehens und die schier endlose Umarmung spüre ich heute noch. Genauso präsent sind die Bilder von der improvisierten Pressekonferenz auf den Stufen des Polizeipräsidiums, während mein Vater mir immer wieder liebevoll die Wange streichelte. Danach ging es mit Sonderrechten und Blaulicht zum Flughafen, und wir setzten uns in unser Flugzeug. Mein Vater war ein erfahrener Pilot, der seine zweimotorige Cessna für das nutzte, wofür wir heute in Sekunden die digitale Konferenztechnik einsetzen: um die wei-

ten Strecken zu den verstreuten Standorten zu überbrücken. Als
wir zusammen in den Hamburger Himmel abhoben, war dieses Cockpit unsere Schutzhülle. Endlich waren wir als Familie
wieder zusammen. Wir sprachen kein Wort. Links unter mir sah
ich die Stadt mit ihren Kirchen, den Michel, die Binnenalster,
dann die Elbe mit der Köhlbrandbrücke, mit den vielen Schif-
fen und Kais. Mit all dem verschwanden vorübergehend auch
meine Ängste im Dunst. Jetzt bringt Papa mich nach Hause!,
dachte ich, als mein Blick nach vorne ins Cockpit fiel. In dieser
Sekunde war ich wieder Kind, so verletzlich, so klein und doch
so glücklich. Voller Liebe wurde mir bewusst, wie sehr meine Eltern sich in diesen Tagen meiner Todesangst bedingungslos für
mich eingesetzt hatten, doch noch das absurd hohe Lösegeld zu
beschaffen und mich nach Hause zu holen. Mir wurde bewusst,
unter welcher Anspannung mein Vater und meine Mutter in den
vergangenen acht Tagen gestanden haben mussten. Wie sehr sie
mir in ihrem Leid Aufmerksamkeit geschenkt hatten, die keinen
Raum mehr für irgendetwas anderes zuließ als die Liebe zu ihrem Kind. Eine Aufmerksamkeit, die ich als Sohn von meinem
Vater als Unternehmer in all den Jahren meiner Kindheit in dieser Bedingungslosigkeit kaum empfunden hatte. Und wie ich sie
auch nicht erlebt hatte, als ich während meiner Revolte als Heranwachsender nicht unbedingt das gemacht hatte, was er sich
vielleicht gewünscht hätte.

Meine Eltern gehörten nach dem Zweiten Weltkrieg zur Generation Wiederaufbau, die sich als Teil des deutschen Wirt-
schaftswunders verwirklichte. Diejenigen, die zu dieser Generation zählten, wollten etwas planen, schaffen und verwalten und
das ganz gewiss auch, um ihren Kindern die Zukunft zu ebnen.
Die Leistungsgesellschaft wurde dabei nicht infrage gestellt. Sie
gehörten zu denen, die das Leben nicht selten auf morgen ver-

tagten und Aufgaben noch unbedingt am selben Tag zu Ende brachten, auch wenn es bis spät in den Abend hinein dauerte und die Arbeitsordner abends mit auf die Wohnzimmercouch kamen. »Von nix kommt nix«, habe ich, wie wohl viele andere auch, nicht nur einmal gehört. Und diese Aussage vermittelte zumindest mir das Gefühl, dass ich von morgens bis abends etwas machen muss.

In meiner Erinnerung ging es der Generation Wiederaufbau darum, immer in Bewegung zu sein. Als Heranwachsender wollte ich mit diesem Leistungsprinzip genauso wenig zu tun haben, wie in der Schule der Beste zu sein. Sowohl die Schule als auch ein Großteil meiner Lehrer gingen mir mit ihrer »Du machst, was ich will, sonst gibt es schlechte Noten«-Mentalität furchtbar auf die Nerven. Schon frühzeitig habe ich mich diesem Denken und Handeln nicht nur innerlich widersetzt. Meine Sichtweise war in der Familie immer wieder ein Grund für Konflikte. Konflikte, die später auch hin und wieder im unternehmerischen Miteinander zwischen meinem Vater und mir aufblitzten.

Doch in der Woche unserer wohl heftigsten Krise spielten weder das Unternehmerische noch die Auseinandersetzungen eine Rolle. Wie erwähnt: In Krisen werden wir auf das absolut Notwendige und damit Wesentliche zurückgeworfen. Und das war offensichtlich das, was Pater Anselm mir vermitteln wollte, als er davon sprach, dass wir in der Krise unserer Wahrheit am nächsten sind. In der Krise begegnen wir der Antwort auf die Frage, wofür es sich lohnt, jeden Tag aufzustehen. Niemand, weder aus dem Unternehmen noch sonst wer, durfte während meiner Entführung Kontakt zu meinen Eltern aufnehmen. Für die Mitarbeiter und Partner waren sie wie vom Erdboden verschluckt. Einfach weg. Krank oder etwas anderes. Für die Zeit einer Woche war das Unternehmen ein Tabu. Da ging es nicht um Projekte, Objekte, Termine oder Telefonate. Da ging es um eines, um das Leben eines geliebten Menschen und alles, was dafür getan werden konnte, es zu retten. Die volle Aufmerksamkeit galt den Beamten der Sonderkommission und den von ihnen aufgetragenen Aufgaben, die meine Eltern voller Hoffnung und Vertrauen auf ein gutes Ende überwältigend meisterten.

Und ich, ich wurde in der Entführungssituation plötzlich wieder so bedürftig wie ein Neugeborenes, dessen Leben von den Eltern und anderer Menschen abhängig war. Wie schon als Baby und Kleinkind brachten sie bedingungslos alles ein, was ihnen möglich war und was meinem Überleben dienen konnte. Als Säuglinge und Kleinkinder würden wir nicht einen Tag ohne die Liebe, Zuwendung, Aufmerksamkeit und Wärme unserer Eltern überleben, und genau das schien es auch bei der Entführung zu sein, was meine Eltern durch diese schwere Zeit führte. Sie wussten wofür, für wen sie sich einsetzten.

Ich glaube fest daran, dass ein Einsetzen für jemanden oder etwas uns durch schwierige Zeiten trägt. Wir brauchen dabei gar nicht auf so etwas Schwerwiegendes wie ein Kidnapping zu schauen, wir erleben das täglich, wenn wir wahrnehmen, wozu Menschen imstande sind, wenn sie wissen, wofür sie sich einsetzen. Es reicht, wenn wir daran denken, was wir als frischgebackene Eltern alles leisteten. Die kurzen Nächte, die zum Teil schmerzhafte Stillzeit, die Fremdbestimmung, viele Entbehrungen, darunter der Verzicht auf das, was einem auch guttut, der Kontakt zu anderen Menschen. Und all das geschieht in der Hoffnung, aber ohne die Gewissheit, dass unsere Kinder einen guten Weg ins Leben finden.

Wenn meine Frau und ich heute eine unterbrochene Nacht haben, weil eines unserer Kinder schlecht geträumt hat und zu uns gekommen ist, dann fragen wir uns manchmal, wie wir es damals überhaupt ausgehalten haben, als das noch an der Tagesordnung war? Mit drei Pampers-Kindern. Ging es nicht darum, bei den eigenen Eltern, aber genauso auch bei uns, alles Mögliche zu tun und zu geben, ohne zu erwarten, dass wir dafür etwas zurückbekommen? Ohne zu wissen, was daraus entsteht? Der Gedanke, der dahintersteckt, ist ein einfacher: Wer ein Wofür hat, der kann fast jedes Wie ertragen!

Dieser gedankliche Abschluss am Ende eines unvorstellbaren Sonntags, der nochmalige Blick auf meine Eltern, meine Gefangenschaft, meine Kindheit und nicht zuletzt auf Claudia und die Kinder half mir, mich besser zu orientieren und mir meiner Verantwortung bewusst zu werden. Das, was ich jetzt brauchte, war Schlaf. Mit einer merkwürdigen Vorfreude auf den sehr frühen Montagmorgen machte ich mich auf den Weg ins Bett und schlief vor lauter Erschöpfung schnell ein.

3 Morgenstille I

Es liegt im Stillesein eine wunderbare Macht der Klärung,
der Reinigung, der Sammlung auf das Wesentliche.
Dietrich Bonhoeffer

Ein Ritual

Jeder meiner Tage beginnt morgens um 4:15 Uhr nach einem
festen Ritual. Im sommerlichen Morgengrauen genauso wie im
winterlichen Schwarz. Nur in Ausnahmefällen verzichte ich darauf. Und jedes Mal, wenn ich mich durch irgendwelche Umstände davon abbringen lasse, komme ich weniger gut in den
Tag. Wenn schon der erste Hemdknopf falsch zugeknöpft ist,
folgen die anderen ihm nach. Und am Ende bleibt Unzufriedenheit übrig. Nicht selten führt ein Versäumen meines Morgenrituals in eine vorübergehende Abwärtsspirale. Also beuge ich
dem vor und wandle ein »heute nicht« umgehend in ein »gerade
heute« und ein »jetzt nicht« in ein »gerade jetzt«. Aber nach all

den Jahren der Übung ist das frühe Wachwerden eher zu einer Gewohnheit geworden, sodass ich in der Regel keinen Wecker brauche. Und wenn dann doch mal einer notwendig erscheint, ist das nicht nur unangenehm für meine Frau, sondern auch ein sicheres Zeichen dafür, dass ich mal wieder übertrieben habe. Was durchaus vorkommt. Aber ansonsten beginnt mein Tag sehr früh. Wenn die Kinder noch schlafen. Wenn meine Frau noch schläft. Wenn diese sanfte Ruhe der Träume ihren tiefen Frieden über alles legt.

Diesen Tagesbeginn habe ich mir von den Mönchen in der Benediktinerabtei Münsterschwarzach abgeschaut, die sich drei bis vier Stunden geistige Pause nehmen, bevor sie in den täglichen Verpflichtungen eines Klosters eingebunden sind. Die klare Struktur eines so beginnenden Tages schafft verlässlich einen Raum für Zeit in der Stille, der mir gerade an diesem Montagmorgen guttat. Ohne eine solche Struktur fällt es mir schwer, einen Raum für Zeit in der Stille zu eröffnen. Genau deswegen gibt es im Kloster einen ewigen Ablauf aus Beten und Arbeiten, Stille und Gemeinschaft. Es ist eine Struktur, in der die Pausen den Tagesrhythmus bestimmen und nicht die Termine. Sie ermöglicht, sich wahrzunehmen, zu fühlen, was wesentlich ist. In der Hektik des Alltags werde ich sonst schnell zu einer Marionette, deren Fäden an den Handys, Meetings, E-Mails, Kollegen, Kunden und Freunden angeheftet sind. Morgens ist das einfacher. Da begegne ich maximal meiner inneren Stimme, die mir sagt: »Heute nicht.« Aber die ist im Verhältnis zu den Chören meiner Mitmenschen vergleichsweise leicht zu überwinden. Morgens geht es um diese eine bewusste Entscheidung: Ich gehe jetzt in die Stille.

Was mich an der morgendlichen Stille so anspricht, ist, dass ich Zeit nur für mich habe. Eine Zeit, in der ich mich von der

Last meiner Gedanken befreie. Eine Zeit, in der ich mir erlaube, gerade keine Probleme lösen zu müssen, weder meine noch die der anderen Menschen. Eine Zeit, in der ich mir zubillige, das Alltägliche, das immer Wiederkehrende einfach loszulassen, so wie damals als Kind, als die Fluten sich meine Sandburg zurückholten und ich nur staunend zuschaute.

Schon kurz nach dem Aufstehen gehe ich in einen Raum, über den der restliche Teil der Familie sagt, er wäre mein Heiligtum. Und tatsächlich ist das ein bisschen so. Wenn ich für mich sein möchte, braucht es diesen geschützten Raum. Und auch das war mir als Kind schon wichtig. Wenn ich für mich sein wollte, ging ich in mein Zimmer oder baute mir eine Höhle, zu der nur ich Zugang hatte. Und so ist aus dem Besuch der Höhle der morgendliche Besuch in meinem Meditationsraum geworden. Geschützt. Geborgen. Für mich.

»Mein« Zendo, mein »heiliger« Raum ist ein Ort, der einzig der körperlichen, geistigen und seelischen Stärkung dient. Und das bedeutet, dass in diesem Raum nichts passiert, was ihm seine Besonderheit nimmt. Ausnahmen bestätigen die Regel, und die Ausnahme in diesem Fall sind manchmal die Kinder. Nämlich dann, wenn sie sich dort einen Spring- oder Turnparcours vorübergehend einrichten oder eine Modenschau mit den alten Klamotten ihrer Großmutter veranstalten. Die Suche nach Stille im Rahmen einer lebendigen Familie bedarf manchmal der Gelassenheit. Aber der Morgen gehört in der Regel mir ganz allein.

Der Begriff »Zendo« stammt aus dem Japanischen und beschreibt einen Meditationsraum, in dem überwiegend Zazen, also eine buddhistische Sitzmeditation, praktiziert wird. Mein Raum ist einfach eingerichtet: Meditationsmatte, Meditationsbank, Klangschale, Kerze, Streichholzkästchen aus Speckstein. Eine Sprossenwand, ein Minitrampolin, ein Rudergerät aus Holz und eine Langhantel mit Gewichten. An einer Wand bei der Tür steht noch ein viereckiges Regal, in dessen vier Fächer sich weitere Klangschalen, Zimbeln und Klanghölzer befinden.

Waschen wie ein Kaiser

Bevor ich mit der Meditation anfange, absolviere ich aber noch ein paar fernöstliche Körperübungen zum Ankommen und Wachwerden, es sind Lockerungs- und Dehnübungen. Dann gehe ich über in ein traditionelles Waschritual einer chinesischen Kaiserdynastie und finde den Abschluss in einer Dao-Massage, mit der ich meine Meridiane aktiviere und meine Gehirnhälften miteinander verbinde. Alles geschieht sehr achtsam und innerlich konzentriert. In fernöstlichen Traditionen gilt die Aufmerksamkeit ja nicht nur dem Körper, den Organen, Knochen und der Haut, sondern der Mensch besteht aus und lebt mit einer Energie, dem Qi, das bestenfalls wohldosiert durch den Körper fließt.

Mit der frei gewordenen, mich durchströmenden Energie setze ich mich auf meine Meditationsbank aus Kirschholz. Ich zünde die Kerze an und verstaue das abgebrannte Zündholz sorgsam in der Schachtel. Die Kerze steht auf einer aus einem Felsen gehauenen Schale, auf der sich nicht nur die Kerze, sondern auch ein paar Steinchen befinden, die ich von unserer Tour des Lebens mit unseren Auszubildenden an den Polarkreis, von Spitzbergen, mitgebracht habe. Für mich sind die Steine ein starkes Symbol für Freiheit, Weite und Stille. Symbole helfen mir dabei, mich daran zu erinnern, was wirklich wichtig im Leben ist.

Aufrecht und aufrichtig sitze ich nun auf meiner Meditationsbank, ein Geschenk meiner Frau. Aufrichtig deshalb, weil ich
der Stille genauso wenig vormachen kann wie meinem Spiegelbild. In der Stille bin ich ein Stück weit »nackt«, denn sie konfrontiert mich auf radikale Weise mit mir selbst und damit, wie
es mir gerade geht. Ich glaube, dass manche Menschen deshalb
Probleme damit haben, in die Stille zu gehen, weil sie sich davor fürchten, dass in ihr etwas auftauchen könnte, was sie traurig
oder wütend macht.

Dreimal schlage ich meine Klangschale an, die mich an den
Ort erinnert, wo ich sie bekommen habe – aus dem Kloster
Münsterschwarzach. Ich höre den Tönen nach, nehme die von
der Schale ausgehenden Schwingungen wahr, lenke meine Aufmerksamkeit auf den Atem und beobachte hinter verschlosse-
nen Augen, wie er geschieht. Ein und aus. Ein und aus. Mit ein
bisschen Glück dauert es nicht lange, bis sich eine Art geistige
Lufthoheit einstellt, eine Metaebene, aus der heraus ich meine
Gedanken kommen und gehen sehe. Wie meine Sandburgen
bauen auch sie sich auf, um im gleichen Moment wieder fortge-
spült zu werden. Ich nehme meine Gedanken und Gefühle wahr,
folge ihnen aber nicht, weder in die Vergangenheit noch in die
Zukunft und schon gar nicht an einen anderen Ort. Ich bleibe
mit meiner Aufmerksamkeit da, wo ich in diesem Moment bin.
Beim Einatmen kommen die Gedanken, beim Ausatmen gehen
die Gedanken. Ich sitze einfach nur da und beobachte, was passiert. Manchmal hilft es mir, dem Strom meiner Gedanken Einhalt zu gewähren, wenn ich versuche, auf die Pausen zwischen
meinen Gedanken zu achten. Denn in den Denkpausen ist es
still, genauso still wie in der Pause, die zwischen dem Ein- und
Ausatmen entsteht. Für mich ist der Moment zwischen Ein- und
Ausatmen das Tor zum Grund meiner Seele.

Mit dem Klingeln meiner Meditationsuhr, nach zwanzig Minuten, erwacht auch mein Verstand. Nach und nach dringen die Geräusche des beginnenden Tages in mein Bewusstsein. In aller Ruhe und ohne Hast öffne ich meine Augen und schlage erneut die Klangschale dreimal an. Meine Morgenmeditation ist beendet. Noch hallt die Stille nach, aber schon bald erfassen Ideen und Impulse meinen Geist wie aus dem Nichts. Ideen, die mich durch den Tag begleiten. Hier geht es dann um konkretes Tun. Um das Herbeiführen von Entscheidungen und daraus folgender Maßnahmen, bezogen auf meinen Lebens- und Wirkungskreis, auf mein Leben als Unternehmung. Versandetes und Verwehtes kommen wieder zum Vorschein, viele interessante Ansätze, die in der Hektik des Alltags, obgleich so vielversprechend, untergegangen und vergessen wurden. Befreit von festgefahrenen Denkmustern, Vorurteilen, belastenden Szenen des Vortags und allen sonstigen Beschwernissen kann ich mich den anstehenden Tagesaufgaben unvoreingenommen nähern, zu bisher verborgenen Lösungsansätzen gelangen und so das Unternehmen wie mein Leben weiterentwickeln. Die Stille ist für mich eine Art Kraftwerk, um die Energie zu gewinnen, um aus der so gewonnenen Klarheit Entscheidungen zu treffen. Die Gedanken werden schließlich noch konkreter und befassen sich mit bevorstehenden Meetings, mit Gesprächen mit Mitarbeitern.

Habe ich um 5:30 Uhr mein Morgenritual abgeschlossen, gehe ich in die Küche, zapfe meiner Frau einen Kaffee, brühe mir einen Tee und mache mich dann auf den Weg zu ihr nach oben, um sie zu wecken. Claudia und ich schauen von unserem Bett aus ins Grüne, bei schönem Wetter verfolgen wir den Sonnenaufgang und tauschen uns über das aus, was konkret anliegt. Das ist unsere halbe Stunde, in der wir gemeinsam im Tag ankommen. Um sechs wecken wir die Kinder unter der Woche für den Schulbesuch auf. Während sie sich fertig machen, nutze ich die zwanzig Minuten für Sport. Haben wir gemeinsam gefrühstückt und sind die Kinder auf dem Weg zur Schule, habe ich vier sehr wertvolle Stunden erlebt mit allem, was mir wichtig ist im Leben. Vier Stunden vor Arbeitsbeginn gedacht, gelacht, geliebt und Gegenwärtigkeit im Sein erfahren zu haben, mich verbunden gefühlt zu haben, bedeutet letztlich, dass keiner in der Zeit über mich bestimmen kann, niemand kann mir sagen, wie ich sie zu nutzen habe. Für mich sehen Selbstbestimmung und Freiheit so aus.

Mein morgendliches Rendezvous mit dem Leben ist für mich genauso elementar, wie abends früh zu schlafen. Ich bin kein Mann für Empfänge und Partys, und Gott sein Dank teile ich dieses entschwundene Bedürfnis mit meiner Frau. Oft werden bei uns schon um einundzwanzig Uhr die Lichter ausgeschaltet. Früh ins Bett gehen. Morgens früh aufstehen. Meine Überzeugung ist, dass uns eine gute und sinnvolle Morgenroutine hilft, erfüllter und intensiver unser Leben zu leben. In den ersten Stunden des Tages gebe ich sehr viel, um mein psychisches, physisches und soziales Wohlbefinden im Gleichgewicht zu halten. Mein Morgenritual hat einen starken Einfluss auf meine Einstellung, mit der ich durch den ganzen Tag gehen werde. Wenn ich morgens diese Zeit für mich gehabt habe, spielt es im Grunde genommen kaum noch eine Rolle, was im weiteren Verlauf geschieht – es ist dann so, wie es ist. Ich kann dann mit den Dingen gelassener umgehen, als wenn ich morgens in den Tag gestolpert wäre.

Wie wertvoll mein tägliches Morgenritual noch werden sollte und wie weit ich von meinem Ziel – immerwährende Gefasstheit in jeder Lebenslage – entfernt war, sollte ich in den folgenden Wochen der Krise immer wieder zu spüren bekommen.

Bildprotokoll des Corona-Online-Impulses vom 30. April 2020

Teil II
Frieden für heute

4 Glaskugel

Einreden des Abts

Mein Morgenritual schenkte mir an diesem Montag also Ruhe und Klarheit, aber vor allem eine ordentliche Portion Energie. Und das war auch gut so, denn der Schock des Lockdowns steckte mir noch in den Knochen.

Nachdem ich in der Stille war, machte ich mir Gedanken darüber, wie wir diese besondere Aufbruchsstimmung des gestrigen Tages für die nun anstehenden Wochen auf alle Teams ausweiten konnten. Viele im Unternehmen würden genau wie ich im ersten Moment ängstlich oder verunsichert sein und versuchen wollen, Halt zu finden. Ich hatte aber bis auf den vor mir liegenden Termin noch keinen Plan. Doch mir war bewusst, dass eine Gemeinschaft, weise wie sie ist, alles in sich trägt, was wir brauchen werden. Und dass wir dieser Komplexität und Dynamik des Problems nur dann erfolgreich begegnen können, wenn wir für maximale Transparenz sorgen. Jeder muss wissen, worauf es ankommt, jede die Möglichkeit bekommen, sich mit ihren Fähigkeiten, Eigenschaften, Talenten und Kompetenzen entsprechend einzubringen. Möglichst viele sollten das Gefühl haben, dass es genau auf sie ankommt, um das Beste aus dieser Misere zu machen. Und damit stand fest, dass wir Wege finden mussten, die das ermöglichten.

Das hieß aber auch, in diesen durchaus stressigen Umständen nicht in alte, hierarchiegeprägte Führungsmuster zu verfallen. Keineswegs wollte ich mich vorne hinstellen, um ohne Diskussion von oben nach unten anzuordnen, wo es langgeht. Nur ein Entscheider für alles und lange Wege würden uns mit Sicherheit das Genick brechen. Selbst in dieser existenzbedrohenden Situation war es mir wichtig, mich nicht auf ein autoritäres Krisenmanagement mit blindem Aktionismus zurückwerfen zu lassen. Ich stellte mir vor, dass es darum geht, die Menschen aufrechter aus der Krise heraustreten zu lassen, als sie dort hineingeraten sind. Auch wenn der Weg dorthin unberechenbar, schmerzhaft, gefährlich und im gesundheitlichen Sinne sogar tödlich sein kann. Mir war aber ebenso klar, dass wir keine Zeit für anstrengende Meinungsbildungsprozesse haben würden. Denn angesichts der Ängste, die diese Krise auslösen würde, konnten nur Handlungsfähigkeit und das Handeln an sich ihnen positiv entgegenwirken. Das Gefühl, ich selbst kann etwas tun und das, was ich mache, trägt zum »Überleben« bei, stärkt Menschen. Es würde zukünftig also immer wieder darum gehen, auftauchenden Unsicherheiten mit konkreten Lösungen den Wind aus den Segeln zu nehmen.

Eine solche Krise, so mutmaßte ich weiter, würden wir nur bewältigen können, wenn wir zusammenstehen. Einbindung, Beteiligung und Verbundenheit der Mitarbeiter schienen notwendig, um die Existenzen vieler Familien zu sichern, sie würden das Mittel der Wahl für die Entwicklung und Umsetzung der erforderlichen Maßnahmen sein. In »Friedenszeiten« war diese Art der Führung und des Miteinander für uns überwiegend gelebte Praxis, wobei uns unter anderem die Regel des heiligen Benedikt, ein von ihm verfasstes Klosterregularium, wichtige Impulse auf diesem Weg gegeben hatte. Und nun ging es darum, dass sie sich auch in Krisenzeiten bewährte. Die Regel an sich ist nicht leicht zu verstehen, aber 2019 hatte ich sie in meinem Buch *Kraftquelle Tradition* anhand vieler praktischer Beispiele zur Anwendung im Leben und im Unternehmen »übersetzt«. So wusste ich, dass wir auch jetzt vieles in ihr entdecken werden, das uns guttun würde und uns durch diese stürmischen Zeiten führen konnte. In der Benediktregel finden sich zum Beispiel auch die Ursprünge der postmodernen Organisation. Da heißt es etwa, im Kapitel über die Einberufung der Brüder zum Rat: »Tu alles mit Rat, dann brauchst du nach der Tat nichts zu bereuen.« Das bedeutet im Grunde nichts anderes, als dass der Leiter des Klosters erst alle Mitbrüder nach ihrer Meinung zu einer Sache befragt, bevor er eine Entscheidung trifft.

In einer Krise wie dieser geht es um Transparenz und Partizipation. Es geht darum, die Weisheit der Gemeinschaft zu nutzen, indem zunächst alle Impulse, Gedanken und Fragen angehört werden, um sie in Vollständigkeit gegenseitig abzuwägen und zu prüfen. Erst dann ist eine Entscheidung zu treffen – von der im Mittelalter das Schicksal einer ganzen Klostergemeinschaft abhing. Diese hatte den ihrem Empfinden nach Geeignetsten aus ihrer Mitte zu ihrem »Hirten«, zum Abt, gewählt, um die Gemeinschaft durch Klugheit und Weitsicht vor Gefahren zu schützen. Jeder in ihr sollte aber die Möglichkeit haben, sich einzubringen, jeder Aspekt sollte geprüft werden.

Eine wichtige Voraussetzung bei dieser Entscheidungsfindung ist die Bereitschaft, schweigen, zuhören und sich gedulden zu können, sich öffnen zu wollen und sich von seinen Vorurteilen zu lösen. Das hat viel mit Demut zu tun und mit einem Wissen, dass meine eigene Meinung nur eine von vielen ist. Es geht um die Fähigkeit, in der Gegenwart der anderen in Schweigen zu verharren, denn wer selbst spricht, erfährt nichts Neues. Im Schweigen drückt sich meine Achtung gegenüber meinen Mitmenschen aus. Daher widmet Benedikt der Schweigsamkeit auch ein ganzes Kapitel und nutzt dafür ein schönes Bild: »Ich stellte eine Wache vor meinen Mund, ich verstummte, demütigte mich und schwieg sogar vom Guten.« Für ihn ist Schweigen auch die Voraussetzung dafür gewesen, dass ich hören lerne und mich dem anderen gegenüber öffne. Denn erst wenn ich schweige und den Menschen »zuhöre«, fühlen sie sich zugehörig.

Mit Blick auf das Schweigen handelt die Regel also auch von Geduld und dem Willen, in Gänze zu verstehen und zu fühlen, was mein Gegenüber mir sagen möchte. Mit meinem Schweigen und Zuhören vermeide ich zudem, anderen ihren Platz streitig zu machen und sich einbringen zu können. Ich fordere den anderen nicht zur Verteidigung heraus. Jeder kennt diese Hahnenkämpfe, dieses psychologische Grunzen zwischen einzelnen Beteiligten in Konferenzen, wo es dann nicht mehr um die beste Lösung für die Gemeinschaft, sondern nur darum geht, persönlich gut dazustehen. Wenn ich alle anderen übertöne, wenn ich nur meine eigenen Wahrheiten, Weisheiten und Vorstellungen gelten lassen will, haben die Gedanken und Ideen anderer keinen Platz. Und dann bin ich schnell allein. Manch einer erlebt schon eine Krise, wenn es nicht genau nach seinen Vorstellungen läuft. Doch wenn ich mich nur in dem bestätigt fühle, was ich scheinbar eh weiß, werde ich mich nie weiterentwickeln. Das Wort »Krise« ist auch ein anderes Wort für »Weiterentwicklung«.

Wer jedoch zuhören kann, dem geht es nicht um das Rechthaben, sondern um die Gewissheit, im Miteinander auf dem

Weg zu sein und gemeinsam die sinnvollste aller möglichen Lösungen zu finden. Die Schweigsamkeit (oder die Stille) ermöglicht es erst, nicht nur meine eigene Stimme zu hören, sondern auch die des anderen nicht im eigenen oder dem Lärm unserer Welt untergehen zu lassen. Die Anweisung des heiligen Benedikt, unbedingt zuzuhören, hat also einen ganz praktischen Hintergrund. Ich dachte an die aktuelle Krise und daran, dass es sich weniger darum drehen wird, wer recht hat und wer unrecht, wer richtig oder falsch liegt. Im Vordergrund werden vielmehr Ursache und Wirkung stehen, die Sache und die beste einvernehmliche Lösung für ein Problem. Ich würde mich also in der Fähigkeit üben müssen, die Perspektive meines Gegenübers einzunehmen. Es galt, den Dialog zu fördern und die Diskussion zu vermeiden. Denn in Diskussionen geht es hauptsächlich um richtig oder falsch, um gut oder böse oder eben nur darum, dass ich meine Meinung gegenüber anderen durchsetze. Im Dialog zählt das wenig, in ihm werden unterschiedliche Sichtweisen auf dem Weg zu einer Lösung gewürdigt.

Wir werden uns schnell entwickeln müssen – das war ein weiterer Gedanke an diesem Morgen. Wir müssen unsere Innovationsfähigkeit in der Gemeinschaft erhalten. Die Fähigkeit, veränderte Rahmenbedingungen zu erkennen und sinnvoll in die eigenen Abläufe zu integrieren. Aus dieser Überlegung entsprang mein nächster Vorsatz, jedem Mitarbeiter die Möglichkeit zu geben, seine Vorschläge einzubringen. Beteiligung verweist die Ohnmacht vom Platz, reduziert Angst. Ich nahm mir vor, es laut zu sagen und oft zu wiederholen, sodass wir selbst den kleinsten Beitrag, der zur Lösung der anstehenden Aufgaben dienen könnte, anhören und wertschätzen würden. Dass es in dieser Situation auf jeden ankäme und wir jede Hilfe gebrauchen könnten.

Angesichts dieser über 1500 Jahre alten Erfahrungen wollte ich in unserer Versammlung nicht in die Rolle des Kinohelden schlüpfen, der sofort auf alles eine Antwort geben kann. Strikt wollte ich darauf achten, mich zurückzuhalten und in der Rolle des Moderators zu bleiben. Genau wie ein Abt wollte ich beobachten und fragen, zuhören, die Gesamtlage erfassen, Meinungen und Stimmungen einholen, um dann zusammen mit dem Team kluge wie sinnvolle Entscheidungen herbeizuführen. Ich nahm mir vor, nur im absoluten Notfall etwas anzuordnen, ansonsten wollte ich, dass die Beschlüsse möglichst von vielen Menschen mitgetragen und damit auch umgesetzt wurden. Dazu mussten sie im Unternehmen verantwortlich eingebunden werden.

Eiszeit im Frühlingserwachen

Bevor ich mich jedoch auf den Weg ins Büro machte, gab es noch etwas, was ich vorher erledigen wollte. Etwas bisher Unerwähntes, das Teil meines Morgenrituals ist: mein schwarzes Büchlein. Darin schreibe ich grundsätzlich alles hinein, was mich bewegt: Aufgabenlisten, aber vor allem Gedanken, die im Lauf des Tages in mir auftauchen. Das führt auch immer wieder zu einem Schmunzeln in meiner Familie, denn es passiert ziemlich häufig, dass ich völlig unvermittelt aufstehe. Auf die Frage, was ich denn so Eiliges zu tun habe, antworte ich: »Ich muss noch schnell einen Gedanken aufschreiben.« Dieser Satz gehört bei uns zu Hause neben »Hat jemand mein Portemonnaie oder Schlüssel gesehen?« wohl zu den von mir am häufigsten verwendeten Sätzen überhaupt.

Aber es gibt noch etwas, was ich in mein Buch schreibe. Und zwar nehme ich mir morgens ein paar Minuten Zeit, um drei für mich wichtige Fragen zu beantworten: 1. Wofür bin ich dankbar? 2. Welche Chance werde ich heute nutzen? und 3. Welche Einstellung wähle ich heute? Manchmal runde ich die Antworten mit einem einprägsamen Slogan ab, der mich durch den Tag begleitet und den ich »den guten Geist« nenne.

An diesem Montag, den 16. März 2020, einen Tag, nachdem ich erfahren habe, dass wir unsere Hotels und Ferienwohnungen (unsere Geschäftsgrundlage) auf unbestimmte Zeit schließen mussten, schrieb ich Folgendes in mein schwarzes Buch (Auszug):

1. Ich bin dankbar für … die Geschlossenheit in unserer Familie und bei den Upstalsboomern angesichts der Corona-Krise. Ich bin dankbar für … die Erfahrung, die wir im Umgang mit der Krise machen werden. Ich bin dankbar für die Entlastung der Natur, die angesichts der Einschränkungen einmal durchatmen darf. Ich bin dankbar für … die Menschen, die sich dafür einsetzen, dass wir alle gut durch die Krise kommen.

2. Ich werde die Chance nutzen, jeden Menschen, der mir begegnet, zu ermutigen und aufzubauen. Ich werde versuchen, dass möglichst alle schnell klar sehen, was auf sie zukommt. Ich werde eine Videoansprache an alle Upstalsboomer senden.

3. Heute werde ich genauso demütig wie ermutigend und aufklärend sein.

4. Der gute Geist: »Klarheit schaffen, Menschen informieren und ermutigen!«

Mit diesen Eintragungen verließ ich unser Haus und ging in einen Tag, von dem ich nicht wusste, was er uns bringen würde. Ich war wie ein weißes Blatt Papier, das darauf wartet, vom Leben beschrieben zu werden. Das Einzige, was ich tun musste, war, allen achtsam zuzuhören und kluge Fragen zu stellen. Alles Weitere würde sich daraus ergeben.

Noch sehr gut erinnere ich mich an das erste Zusammentreffen des eigeninitiierten Krisenstabs am Tag nach dem Lockdown. Im Büro herrschte eine diffuse Stimmung. Ich schaute in fragende, zweifelnde Gesichter, auch eine gewisse Form der Ungläubigkeit war in ihnen abzulesen. Hier und dort begegneten mir Aussagen wie: »Das geht doch nicht, das können die doch nicht einfach machen« oder Fragen: »Wie soll das gehen?« Ich erlebte im Team aber auch Menschen, die eher ruhig waren und sich schon in die für sie relevanten Themen eingefuchst hatten. Aber wie auch immer sich der Einzelne auf die neue Situation eingestellt hatte, alle machten deutlich, dass das, was da vor uns lag, nach einer Utopie klang. Vieles von dem, mit dem wir nun konfrontiert waren, war für uns bislang unvorstellbar gewesen. Der Schock an diesem Montagmorgen saß tief. Über Nacht waren wir gefühlt all unserer Freiheiten beraubt worden – so brutal, wie es keine Ökodiktatur dieser Erde es jemals hätte durchsetzen können. Vieles, was gestern noch ganz selbstverständlich verfügbar war, war es plötzlich nicht mehr. Die Freiheit grenzenloser Mobilität in Zeiten der Globalisierung schrumpfte auf die Dimension von Homeoffice in den eigenen vier Wänden. Die Welt, die uns gestern noch als kontrollierbar erschien, war auf einmal unkontrollierbar. Von einem Tag auf den anderen hatten wir nicht mehr alles in der Hand, und gerade diejenigen unter uns, für die es extrem wichtig war, immer alles unter Kontrolle zu haben, litten besonders.

Aber es war nicht nur die Kontrolle, die vielen als wesentlicher Baustein für ein gutes Leben verlustig gegangen war. Genauso traf es unseren bisher erlebten und in unserer Welt vorausgesetzten Wohlstand, der nun in Gefahr war. Ebenso Freiheit, das zu tun, wonach einem gerade ist. Ein winziges Virus, das wir weder sehen, riechen, hören, fühlen noch schmecken konnten, hatte eine Vollbremsung ausgelöst. Es drohte uns unserer Freiheit, unseres Wohlstands und unserer Kontrolle zu berauben. Das Virus ließ sich nicht regulieren, nicht durch Handelsabkommen oder Sanktionen einhegen. Es war einfach ausgebrochen. Und machte uns zu Gefangenen. Das Virus bremste auch die Globalisierung, die uns über Jahre permanent in eine immer größere soziale Beschleunigung versetzte, und verfügte nun den Stillstand.

Die Situation war gespenstisch. Der Himmel über der Nordsee war plötzlich ohne Kondensstreifen – die Innenstadt von Emden wie ausgestorben, die Autobahnen leer gefegt wie beim Sonntagsfahrverbot während der Ölkrise 1973. In den Metropolen sanken die Lärmpegel so rasch herab wie die Dieselgate-Abgaspartikel – auf ein bisher ungekanntes, kaum noch messbares Maß. Und die Inseln wären bald so unerreichbar wie der Mond und unsere Hotels so menschenleer wie der Strand auf Borkum am Neujahrsmorgen um acht bei Nebel. Die Problemstellungen erschienen uns hochkomplex – und müssten in sehr kurzer Zeit gelöst werden. Die drängendsten Fragen auf der Tagesordnung waren neben unserer finanziellen Situation und der Absicherung unserer Mitarbeiter natürlich auch unsere Gäste: Wie sollten wir Tausende enttäuschte Urlauber, darunter viele Stammgäste, höflich, aber bestimmt, ohne Missstimmung und nachhaltig Schaden anzurichten von den Inseln herunterbringen und die Buchungen für Ostern stornieren? Wir hatten unterschiedliche Gruppen unterschiedlich zu bedienen – zu den Gästen und unseren Mitarbeitern kamen auch Partner, deren Dienstleistungen und Waren wir bezogen, Investoren, deren Hotels wir pachteten, oder Ferienwohnungen, die wir verwalteten.

Die Abreiseverfügung hatte bereits am Sonntag eingesetzt –
aber viele nahmen das nicht ernst. In Niedersachsen bereitete die
Polizei einen größeren Einsatz zur Durchsetzung der Corona-
Aufenthaltsbeschränkungen auf Norderney vor. Nach Angaben
der Inselverwaltung ignorierte »eine größere Anzahl von Touristen« die angeordnete Abreisepflicht. Auch hätten sich Unbe-
rechtigte mit »falschen Bescheinigungen« auf Fähren geschmug-
gelt, um die Inselsperre zu umgehen. Allein am Wochenende
des Lockdowns seien noch 2000 Urlauber nach Norderney gekommen. Seit dem Sonntag verstärkten daher Einsatzkräfte vom
Festland die Inselpolizei. Ich kann mich nicht erinnern, jemals
Polizei an den Fähranlegern gesehen zu haben. Von Montag an,
also dem Tag, an dem wir uns im Büro versammelt hatten, würden laut der Behörden angetroffene Touristen eine Strafanzeige
erhalten und »kostenpflichtig von der Insel verwiesen«. Bei dem
Volumen an Gästeanfragen, die uns jetzt überschwemmten und
in denen es darum ging, was der Lockdown für bereits gebuchte
Reisen über die Osterferien bedeuten, ob das Geld zurückge-
zahlt würde, trat hier ganz schnell eine technische und menschliche Überforderung ein. Viele Kunden reagierten unwirsch, weil
sie nicht so schnell betreut werden konnten, wie sie das sonst von
uns gewohnt waren. Dass plötzlich unsere Telefonleitungen dauerhaft »besetzt« waren, Telefonanlagen und Mailserver den Geist
aufgaben, erschien vielen als zusätzliches Alarmzeichen. Wir versuchten so schnell und gut wie nur irgendwie möglich zu reagieren, aber angesichts dieser Welle glich das dem Versuch, einen
Ozean mit einem Eimer auszuschöpfen.
    In den deutschen Küstenregionen nahm die Angst vor Co-
rona unterdessen bisweilen bizarre Züge an. Es gab beunruhigende Meldungen über Zwischenfälle und sogar Selbstjustiz. Insulaner mit auswärtigen Autokennzeichen vom Festland wurden

beschimpft und angepöbelt, sie sollten von der Insel verschwinden – manche Wagen wurden gar mit Steinen beworfen und beschädigt. Auf einem dieser Zettel, den jemand an ein solches Auto geklebt hatte und in einer unserer Facebook-Gruppen als Foto geteilt wurde, war zu lesen: »Haben Sie den Schuss nicht gehört? Ignoranten und Egoisten wie Sie tragen dazu bei, dass sich das Virus weiterverbreitet … Wir wollen keinen Corona-Tourismus, erst recht nicht aus NRW … Ihr Kennzeichen wurde fotografiert.« Teilweise handelte es sich bei den Betroffenen jedoch um Pfleger oder Ärzte aus den Nordseekliniken oder Polizeibeamte, die schon lange hier lebten. Fälle wie diese führten dazu, dass Behördenleiter zur Ruhe aufriefen und Insulaner mit Fremdkennzeichen sich Schilder ins Auto klebten, auf denen beispielsweise der Satz »Erster Wohnsitz Borkum« stand.

Dass die Gastfreundschaft plötzlich so feindselig kippen konnte, war neu für uns. All das schien Ausdruck einer großen Angst zu sein, die sich ebenso rasch ausbreitete, wie das Virus Menschen infizierte. Maria, unsere Hoteldirektorin in Kühlungsborn, beschrieb den Lockdown mit der Evakuierung Tausender Urlauber später als ein völlig surreales Ereignis, das in einer anderen Zeitzone stattzufinden schien. »Du hörst die Nachrichten. Aber du machst in deiner Tagesroutine zunächst einfach weiter, bis sich dann zwei Synapsen kurzschließen und dich auf Alarm schalten. Und dann kommt eine heiße Welle Panik. Wir tun ja alles, was wir tun, mit großer Leidenschaft, und der erste Impuls war, dass wir unseren Gästen etwas Schönes wegnehmen, auf das sie sich lange gefreut haben: Urlaub, die schönste Zeit des Jahres – Zeit für sich, Zeit zusammen mit seinen Liebsten. Unsere Gäste nach Hause schicken zu müssen war unglaublich hart. Und was dann alles im nächsten Schritt auf einen zustürzt – die ganze Last der Verantwortung, konsequent zu entscheiden, die Sorge um unsere Mitarbeiter und ihre Familien, unsere Partner, unsere Zulieferer, unsere Handwerker, das Hotel, und alle Entscheidungen sofort, am besten gestern. Das alles versetzte uns in den Ausnahmezustand.«

Der engste Flaschenhals, durch den wir an diesem Morgen mussten, war die Sicherung unserer Liquidität. Von heute auf morgen keinen Cent Umsatz mehr, war eine eindeutige Ausgangslage. Das kurzfristige Aufstocken der Mitarbeiter zur Abwicklung der Gästeanfragen und Urlaubsstornierungen und die damit einhergehende Kostensteigerung auch. Der Umsatz geht runter, und die Kosten steigen. Das war nicht gut. Unser Hauptgeschäft liegt durch die Nähe zum Meer in der Sommersaison. Diese mussten wir nach allen vorliegenden Informationen verloren geben. Aus einer traditionell kargen Wintersaison würden wir mit dem Ausfall der Osterferien in eine Sommersaison ohne Einnahmen übergehen. Und am Ende dieser zwei Dürreperioden in die dritte, die Herbst-Winter-Frühjahr-Nebensaison, torkeln. Das ist wie im Sparring der Kinnhaken nach dem Leberhaken, und nach dem Treffer auf den Solarplexus folgt der Knock-out. Was tun mit über sechzig Hotels und Ferienwohnungsanlagen, die ohne Gäste auf unbestimmte Zeit leer blieben? Wenn überhaupt keine Einnahmen mehr existieren, zählt jede kleinste Ausgabe doppelt. Wir mussten unsere Bordmittel quantifizieren, qualifizieren und rationieren, um so lange wie möglich bis zum Tag der Wiedereröffnung durchhalten zu können. Aber wann würde der sein?

Mich erinnerte das ein bisschen an unsere »Tour des Lebens« mit den Azubis in die Arktis. Jeden Tag mussten wir abwägen, wie viel Proviant wir noch hatten, und anschließend entscheiden, was wir heute verbrauchen wollten. Für das Unternehmen gab es jetzt nur eine konsequente Lösung: Wir mussten es in den

Winterschlaf schicken. Und zwar schnell. Es ging nicht um einen sanften Übergang, sondern um ein Schockgefrieren. Es ging darum, alles so schnell wie möglich in den Zustand zu versetzen, der keine Energie mehr kostet – sprich Geld. Nicht morgen, sondern jetzt gleich. Wir hatten jedoch keine Erfahrungen: Wie machst du von heute auf morgen ein Hotel dicht? Wie wäre das zu organisieren – ein Jahr Leerstand, vor allem unter diesem Zwang, Gas zu geben. Ein Hotel von einem Tag auf den anderen einzufrieren ist von den Vorbereitungen in etwa so, als wenn eine Großfamilie mit Eltern, Großeltern, Kindern, Tanten und Onkeln sich entscheiden würde, gleich morgen in einen mehrwöchigen Sommerurlaub aufzubrechen. Das mündet ins Chaos. Kühlschrank leeren. Fenster schließen. Alle Geräte ausschalten. Nachbarn informieren. Wer gießt die Blumen? Ausweispapiere – und ja nicht den Teddy der Kleinen vergessen. Nur dass in einem Hotel die Checkliste unendlich viel umfangreicher ist.

Riesige Gebäude wie ein Hotel kann man nicht über einen so langen Zeitraum sich selbst überlassen. Die Systeme arbeiten weiter und müssen gewartet werden. Heizung. Klima. Die Räume brauchen Belüftung gegen Schimmelbildung. Die Klospülung, Duschen und Wasserhähne sind in regelmäßigen Abständen zu betätigen, auch um den Wasserstand in den Zu- und Abflüssen zu gewährleisten. Alles was steht und nicht in Gebrauch ist, setzt Staub und Rost an, verwittert und verfällt. Jede Unachtsamkeit kann große Schäden auslösen. Wir konnten in unserem Unternehmen auf Mitarbeiter wie Dennis, Arne, Rico und Yvonne zurückgreifen, die einschlägige Erfahrungen mit dem operativen Herunterfahren eines Hotelbetriebs hatten, damit uns niemand, salopp gesagt, das kurze Zeit später »goldwerte« Klopapier klaut. Davon hatten wir als Hotelkette auch ohne Krise genügend bevorratet.

Das war das nächste Problem: Die Lager- und Kühlräume waren wegen des erwarteten Ostergeschäfts bis unters Dach gefüllt. Was sollten wir mit Tonnen wenig lagerfähiger Frischware machen? Brot, Obst, Gemüse, Milchprodukte? Fisch? Fleisch? Alle wussten, hier geht es um Hunderttausende Euro Substanzverlust. Niemand von uns wollte zudem wertvolle Lebensmittel auf den Müll entsorgen. Aber Gott sei Dank hat hier jedes Hotel einen für sich guten Weg gefunden. Es wurde mit Lieferanten über die Rücknahme verhandelt. Es wurde sogar eingekocht. Eingedost. Verkauft. Was übrig blieb, als Spende an die örtlichen Tafeln für Bedürftige verschenkt. Unsere Mitarbeiter waren schon seit dem »PING« am Sonntag extrem eingebunden, die Hotels und Ferienwohnungen in einen geordneten »Stand-by-Modus« zu versetzen, eine Art künstliches Koma, einen Gesundheitsschlaf, der unser Überleben ermöglichen sollte. In kürzester Zeit hatten wir uns in unser Schneckenhaus zurückgezogen, um abzuwarten, was da noch an Stürmen auf uns zukommen würde. Und um die Situation für unser Unternehmen auch noch klimatisch zu untermalen, fiel an der Ostseeküste zu allem Überfluss plötzlich Schnee. Dicke Flocken, die alles in Weiß hüllten, begleitet von Frost. Der Winter war zurück. Die Corona-Eiszeit – mitten im Frühlingserwachen.

Blindflug

In der Zentrale in Emden saßen wir an diesem Montagmorgen gut vorbereitet am Tisch und machten das, was man macht, wenn eine Krise da ist: Kassensturz. Wir brauchten detailgenaue

Informationen, wie sich das Verhältnis von Außenständen, Einnahmen, Rücklagen und Verbindlichkeiten darstellte, einschließlich sämtlicher Risiken, die noch im Verborgenen auf uns lauern konnten. Wir sahen in den ersten Berechnungen sofort den Mittelabfluss der laufenden Verpflichtungen bei null Einnahmen. Die Perspektive war ernüchternd. Niemand konnte Prognosen abgeben, wie lange der Lockdown anhalten würde. Wir glaubten, ein ganzes Jahr zu verlieren und nicht vor dem Start der Sommersaison des Folgejahrs überhaupt Einnahmen zu erzielen. Wir kalkulierten in einem Worst-Case-Szenario mit einem Fortbestand der Schließungen bis ins Frühjahr des Folgejahres. Und wollten von dort aus rückwärts alles herunterbrechen. Wir mussten wissen, bis wann unsere Reserven reichten und ob dann die – hoffentlich – guten Einnahmen ausreichend wären, die Verluste auszugleichen und den Fortbestand unserer Unternehmung zu sichern. Es war angesichts der laufenden Kosten für Löhne, Pachten und Instandhaltung keine große Rechenleistung, um festzustellen, wann uns das Geld ausgehen würde.

In solch angespannten Situationen, wo jedes Unternehmen extrem nervös agiert, kann die kleinste Zahlungsverzögerung eine Kettenreaktion auslösen und aus einem kleinen einen ganz großen Schaden entstehen lassen. Vor Jahren hatte ich bei der Übernahme eines zahlungsunfähigen Hotels schon einmal erlebt, welchen nachhaltigen Schaden eine Insolvenz nach sich zieht. Noch Jahre später spürten alle Beteiligten das sich nicht auflösen wollende Stigma der Insolvenz. Und das besonders im unmittelbaren Umfeld der Gäste, Partner und Banken. Durch eine Insolvenz entsteht ein extrem hohes Misstrauen, das noch viele Jahre in den Verhandlungen mitschwingt. Und dieses Mal würde nicht nur ein Hotel betroffen sein, sondern die Existenz des ganzen Unternehmens auf dem Spiel stehen.

Wir wollten das vollständige Bild erfassen, jeden Winkel des Unternehmens auf versteckte Kosten ausleuchten, wollten genau wissen, wie weit die Bordmittel reichen. Erbsenzählen. Jeden Cent dreimal umdrehen. Strecken. Wir klopften jede denkbare Lösung ab. Ein solch kompromissloser Kassensturz war in dieser Dimension noch nie auf eine Zahl verdichtet und schnell zusammengetragen worden, deshalb nicht, weil es vorher nie notwendig gewesen war. Wir stellten bald fest, dass viele unserer Systeme den erhöhten, vor allen zeitlichen Anforderungen nicht standhielten. Gerade im Controlling ergab sich die Notwendigkeit, viel punktgenauer den aktuellen Stand der Finanzen, der Einnahmen und laufenden Verbindlichkeiten in ihren Wechselwirkungen darzustellen. Unser bestehendes System war in Friedenszeiten völlig ausreichend – in der Krise aber zu langsam und zu ungenau. Wo früher ein paar Tage Bearbeitungszeit völlig ausreichend waren, ging es jetzt oftmals um Stunden. Wir brauchten diese Informationen noch dringender als sonst, um schneller auf die laufenden Entwicklungen reagieren zu können. Und so entmisteten wir kurzerhand das verfügbare Zahlenmaterial auf das absolut Unerlässliche und schauten nur noch auf das, was wirklich unabdingbar war. Und das war die Entwicklung der zur Verfügung stehenden Liquidität. Wir entschieden uns für diese Zahl, weil sie allen im Unternehmen rasch einen Stand darüber geben konnte, wie es um uns steht. Mit dieser Zahl war es ein bisschen so wie mit dem täglichen Blick in den Kornspeicher. Da kann jeder erkennen, was da ist und wie die Rationierung auszusehen hat, damit wir durch die schwierige Zeit kommen. Mit Blick auf die Mitarbeiter hieß das: Sind die Hotels noch so und so lange geschlossen, verbrauchen wir so und so viel Prozent der uns zur Verfügung stehenden Liquidität. Für alle Beteiligten war das genauso einfach wie klar und extrem wichtig.

Denke ich heute über diese Phase der Krise nach, sehe ich zahlreiche Innovationen, die wir ohne den Zwang, reagieren zu müssen, niemals so schnell eingeleitet hätten. Und die meisten dieser Innovationen wurden der Aussage des französischen Schriftstellers Antoine de Saint-Exupéry: »Perfektion ist nicht dann erreicht, wenn es nichts mehr hinzuzufügen gibt, sondern wenn man nichts mehr weglassen kann« gerecht. Denn in vielen Dingen ließ sich so manches vereinfachen, auch wenn wir in der Vergangenheit eher darauf bestanden hatten, es kompliziert zu machen. Durch diese Erfahrungen ist die Krise für mich noch viel mehr ein Synonym für Tatkraft wie auch sinnvolle Innovationen geworden. Meine These: Eine Krise fokussiert dich nicht nur auf das absolut Wesentliche, sondern steht auch am Anfang großartiger Entwicklungen.

Im Verlauf der folgenden Tage reagierten wir seismografisch auf jede auftauchende Unebenheit und optimierten unzählige Arbeits- und Informationsabläufe dadurch, dass wir Veraltetes und Nutzloses konsequent über Bord warfen. Wir erfanden uns und unsere Art der Zusammenarbeit neu. Wir stellten bald die positive Wirkung der neuen Abläufe fest. Denn je schneller und flexibler und je flacher und enger wir reagieren konnten, desto geringer die Zeit- und Reibungsverluste und desto besser die Ergebnisse. Die Krise hatte uns gezwungen, Upstalsboom in den Kernspin zu schieben. Und die Diagnose, die wir abschließend über den Gesundheitszustand unserer Unternehmung erhielten, entsprach in keiner Weise meiner innerlichen Beunruhigung nach dem ersten Schock. Das Unternehmen war größtenteils kerngesund, wenn auch kulturbedingt ein bisschen chaotisch, dafür aber extrem schnell. Sich das Team auf diese Art und Weise organisieren zu sehen erinnerte mich an ein Zitat des französischen Kometenforschers und Astronomen Charles Mes-

sier: »Nicht der Stärkste überlebt, nicht einmal der Intelligen-
teste, sondern derjenige, der sich am schnellsten einem Wechsel anpasst.«

Ich schöpfte Hoffnung. Wir hatten uns in den letzten drei Jahren auf Wachstum eingestellt und entsprechend viel investiert.
Und nun drohten unsere fünf, allein für 2020 geplanten Eröff-
nungen neuer Standorte allesamt ins Wasser zu fallen. Mit Blick
auf die kommenden Dürremonate bereitete mir das natürlich
Sorgen, denn das in den vorangegangenen Monaten investierte
Geld fehlte uns jetzt bei den Bordmitteln für eine Reise, deren
Dauer wir nicht kannten. Aber letztlich rangen wir uns nach
kurzer Zeit zu einer Prognose durch, die einigermaßen Mut
machte: Mit den vorhandenen Bordmitteln würden wir noch
eine Weile weitersegeln können, um einen sicheren Hafen zu erreichen. Mit Beantragung von Kurzarbeit, Mietstundung, einem
freiwilligen Gehaltsverzicht einiger Upstalsboomer, die auch hier
mit gutem Beispiel vorangingen, und dem sofortigen Schließen
sämtlicher Hotels sahen wir Land, wenigstens für die kommenden Monate. Wir mussten nicht Insolvenz anmelden, zumindest
nicht kurzfristig, das war die erlösende Botschaft. Und schon
hatten wir einen Handlungsspielraum mit Perspektive.

Der Kreis wächst

In der um die Direktoren der einzelnen Standorte erweiterten
zweiten Krisenrunde gut drei Stunden später erprobte ich als
Konsequenz meiner morgendlichen Gedanken zwei Neuerun-
gen: Erstens die erste größere Zoom-Konferenz, die es jemals bei

uns gab, und zweitens eine Gesprächsführung, die den Klöstern des Mittelalters entsprach. Wenn wir uns schon nicht persönlich treffen konnten, war es mir in dieser besonderen Situation extrem wichtig, alle zu sehen. Als wir dann mit der Konferenz begannen und ich nach und nach alle sah, berührte mich das zutiefst. Ich ließ den Moment auf mich wirken und spürte, dass das Digitale und die räumliche Entfernung unserer Verbundenheit überhaupt keinen Abbruch taten. Im Gegenteil, das, was ich gerade erlebte, war eine ganz besondere Nähe, und obwohl ich ein bisschen angefasst war, schenkte mir dieser Moment des unerwarteten Wiedersehens unglaublich viel Energie. Aber auch die anderen schienen ähnlich zu fühlen, denn mit jedem Blickkontakt zwischen den Beteiligten wurde mehr gelächelt. Es war fast so wie in einem der *Star-Wars*-Filme, in dem per Knopfdruck ein Energiefeld aufgebaut wurde, das alle unter einem Schutzschild vereinte, um sie vor der dunklen Seite der Macht zu schützen.

Mit der Entscheidung für dieses Kommunikationstool hatten wir also einen guten Schritt getan, wir demonstrierten Sichtbarkeit, Erreichbarkeit und Handlungsfähigkeit, setzten Perspektiven und machten uns gegenseitig Mut. Weil ich ein Bedürfnis nach Informationen hatte, bat ich um aktive Beteiligung. Denn tatsächlich hatte ich selbst viel mehr Fragen als irgendeine Antwort darauf, was jetzt an den einzelnen Standorten zu tun war. Ich wollte wissen, wie sich die Lage vor Ort darstellte, und vor allem wollte ich in Erfahrung bringen, wie die Teams reagiert hatten und was schon getan worden war. Jedes der sechzig Hotels und Ferienwohnungsanlagen ist kulturell äußerst individuell, hat seine eigene Geschichte und ist auch geografisch unterschiedlich verwurzelt. Jedes hat seine Macken, Stärken und Ressourcen und seine ganz eigene Ausstrahlung, für die sehr unterschiedliche Mitarbeiter Verantwortung tragen. Im Unternehmen gibt es

Bereiche, die gar keine Führungskräfte im klassischen Verständnis haben, Mitarbeiter bestimmen hier etwa ihr Gehalt selbst, in anderen existieren noch hierarchische Strukturen. Das Parkhotel mit Firmensitz in Emden ist beispielsweise ein eher klassisch geführtes Hotel. In Varel dagegen konnten diese schon ein Stück weit aufgelöst werden, dieses Hotel ist aber wiederum nicht vergleichbar mit unserem zuletzt eröffneten Hotel auf Föhr, das wirklich abgefahren ist. Das Team dort bestand bei seiner Eröffnung zu 50 Prozent aus Quereinsteigern – darunter ein ehemaliger Bankdirektor, der sich zur Erweiterung seiner Lebenserfahrung als Tellerwäscher beworben hatte.

Unseren Hotels kann man keine Schablone darüberstülpen, sie in eine Form pressen. Diese Vielfalt ist ja ausdrückliches Ziel unserer Unternehmung. So individuell jedes sein mag, alle eint aber unsere Idee, den Menschen zu stärken, ihn auf seinem Weg zu psychischem, physischem und sozialem Wohlbefinden zu begleiten und die Umwelt zu schonen. Und dazu gehört für uns, dass jeder die Freiheit hat, das zu leben, was ihm als Mensch wirklich wichtig ist. Wirtschaftlichkeit ist die Basis unserer Existenz – nicht aber der Sinn unseres Handelns. Die damit einhergehende Umkehrung der Macht- oder Leistungspyramide, bei der von oben nach unten durchregiert wird, bei der Menschen über Leichen gehen, führte bei uns zum »Prinzip Augenhöhe«. Eine vertikale Dienstleistungshierarchie trägt aus unserer Erfahrung dazu bei, dass aus Betroffenen Beteiligte werden und jeder versucht, sich dafür einzusetzen, dass die Menschen in seinem Umfeld wachsen. Jede Form einer strengen Machthierarchie widerspricht unserer sinn- und menschenorientierten Haltung, auch wenn diese Einstellung noch nicht alle erreicht hat. Deshalb habe ich von Beginn an in unseren Krisensitzungen auch nicht Antworten auf Fragen vorgegeben, die noch keiner kennt, sondern wir haben auf Augenhöhe erst einmal unsere Perspektiven ausgetauscht und geschildert, wie denn die Situation vor Ort jeweils aussieht.

Es gab durchaus große und wichtige Unterschiede und Herausforderungen, allein aufgrund der diversen Bundesländer. Ein Vorpreschen hätte vieles übersehen und gute Ideen schon im Ansatz abwürgen können. Ich habe zugehört. Fragen gestellt. Mein Ziel war, dass sich jeder zur Eigenverantwortung aufgerufen fühlt und sich einbringt. Bewusst wollte ich vermeiden, dass sich jemand hinter den widrigen Gegebenheiten oder seinen Kollegen zurücklehnt und denkt: Aha, die anderen machen das ja schon alles. Denn wir würden jede Hand brauchen. Die Antworten auf unsere Problemstellung entwickelten sich auch hier selbstständig und in großem Einverständnis.

Was uns am Anfang unserer neuen digitalen Epoche etwas schwerfiel, waren neben der Beherrschung der Technik die von allen erforderliche Disziplin innerhalb der Zoom-Konferenzen, vor allem in größeren Gruppen. Um auch dieser Anforderung gut zu begegnen, konzentrierte ich mich auf eine Gesprächstechnik, die ich den *Münsterschwarzacher Kleinschriften* entnahm, verfasst von Anselm Grün als Cellerar und Fidelis Ruppert als ehemaligen Abt.

Die Regeln sind einfach und klar: Zunächst darf jeder ohne Unterbrechung seine Sicht darlegen. Dann, ohne Erwiderung auf den ersten Redner, ist der nächste an der Reihe. Bis alle durch sind. Jeder darf in Ruhe alles aussprechen, keiner darf unterbrechen. Die anderen hören genau hin und nehmen das Gesagte schweigend in sich auf. Ohne dass das besprochen wird, ohne Missfallen. Keine Diskussion. Keine Einwände. Nur zuhören. Direkt im Anschluss an diesen ersten Durchgang wird zunächst weiter geschwiegen, sodass jeder für sich die Möglichkeit hat, das Vernommene in sich zu bewegen. Erst nach einer Weile beginnt die zweite Runde, wieder mit demjenigen, der die erste Runde eröffnet hat. In der zweiten Runde hat nun jeder die Möglichkeit, auf alles Gesagte Bezug zu nehmen. Wieder der Reihe nach, bis zum letzten Redner. Im dritten Schritt geht es dann darum, sich im Dialog lösungsorientiert auszutauschen. Hierfür bedarf es einer Moderation durch einen der Teilnehmenden und vertiefenden Fragen. Erst aus diesem Gesamtbild leiten sich für jeden Einzelnen oder die Gemeinschaft Entscheidungen ab.

Wie am Morgen beschlossen und in mein schwarzes Büchlein notiert, hielt ich mich bei meinem ersten Versuch, diese Technik umzusetzen, also völlig zurück und eröffnete, möglichst Gelassenheit ausstrahlend, die erste Fragerunde: »Wie geht es euch? Wie sieht die Situation bei euch aus? Welche Antworten habt ihr schon auf die Fragen gefunden, die euch diese Situation gerade stellt?« Dann ging es los. Jeder der Reihe nach. Durch das kollektive Wissen erledigten sich viele Fragen ganz von selbst, für deren Diskussion man sonst viel Zeit unnötig verschwendet hätte. Meist ist es dann so, dass sich aus diesen vielen Mosaiksteinen (der Einzelbeiträge) für jeden ein schlüssiges Gesamtbild ergibt, weil jeder die wichtigsten Erkenntnisse bereits aus den vorherigen Beiträgen gewonnen hat. Wenn nicht: wird klug nachgefragt, allerdings erst in der dritten Runde.

Viele erkannten tatsächlich bereits Lösungsansätze in den Darstellungen der anderen für den eigenen Standort, was weitere Zeit sparte. Oft hatte ein Standort sogar schon in dem einen oder anderen Bereich vorausgedacht, wo andere durchhingen – und dankbar wurden diese Erfahrungen aufgenommen, ergänzten sich zu Lösungen für verschiedene Probleme. Sowohl die Arbeits- als auch die Zeitersparnis, aber ebenso die Anzahl sinnvoller Lösungen potenzierten sich. Ich war verblüfft, welchen Nutzen die Anwendung mittelalterlicher Führungsweisheiten in den digitalen Entscheidungsprozessen dieser modernen Krise entfaltete. In den Regeln des heiligen Benedikt steckt ungeheuer viel modernes New Work.

Der nächste positive Effekt: Es gab kein Hadern, kein Lamentieren, keine Schuldzuweisungen. Durch Zuhören entsteht tatsächlich Wertschätzung und damit Verbundenheit. Indem ich zuhöre, vermittle ich Interesse. Und Interesse zu zeigen ist eine sehr starke Form der Wertschätzung. Jeder fühlt sich in seiner Perspektive wahrgenommen, und viele Ideen entstehen so aus dem Team heraus. Voll gegenseitiger Wertschätzung haben wir guten Rat angenommen, und jeder hat sorgfältig geprüft, ob eine vorgeschlagene Lösung auch für den eigenen Standort sinnvoll war.

Trotz Drucks ging es mir darum, fehlerhaften Aktionismus zu vermeiden, den Menschen Raum und Zeit zu geben, sich mit ihren Gedanken und mit ihren Gefühlen und vor allem den örtlichen Detailkenntnissen einzubringen. In der Kombination von digitaler und klösterlicher Technik ist es uns möglich geworden, selbst über große Distanzen nicht über die Köpfe unserer Mitarbeiter hinweg zu entscheiden, nicht ohne vorher ihren Rat und ihre Fragen gehört zu haben. Daraus ist dann sehr rasch eine Krisenführung entstanden, die unter der Maßgabe Impulse, Gedanken und Fragen stand.

Dieser Austausch führte schließlich zu den Grundlagen, auf denen wir unsere Entscheidungen herbeiführten und operationalisieren konnten. Zum Abschluss dieser und aller folgenden Krisensitzungen bündelten wir unsere Kräfte, indem wir teamübergreifende Aufgaben identifizierten und klärten, wer diesen mit welcher Priorität nachgeht und worauf es bei der Umsetzung an-

kommt. Auch hier gingen wir flexibel vor: Die Aufgabenüber-
nahme erfolgte, wenn möglich, nach Befähigung – nicht nach
Position oder Funktion.

Noch immer starten unsere Zoom-Konferenzen nach dem-
selben, nunmehr krisenerprobten Muster – nach den Regeln des
heiligen Benedikt. Sie sollten für uns zum wichtigsten Impuls-
geber werden. Selbst die großen Krisenmeetings in den ersten
zwei Wochen, in denen es um äußerst komplexe Zusammen-
hänge ging, dauerten selten länger als eine Stunde. Heute lacht
man vielleicht darüber, weil digitale Kommunikation inzwischen
Berufsalltag geworden ist, aber für uns lag der Charme und Nutzen in der Kombination aus digitaler Konferenz- mit mittelalterlicher Gesprächstechnik.

Feuertaufe

Was mir Mut machte und mich beeindruckte: Bei einer großen Anzahl meiner Gesprächspartner spürte ich wenig Angst,
sondern vielmehr Gelassenheit, Aufbruch, ja sogar eine gewissen Form des Humors. Wir haben immer wieder Witze gemacht
und nicht selten gelacht. Es war eine überraschend gelöste Stimmung im Anblick der vor uns liegenden Glaskugel. Diese Eigen-
dynamik, die aus dem Team kam, zu erleben verwandelte meine
Betroffenheit mit jeder weiteren Begegnung in ein Gefühl von
Klarheit und Stärke. Ich war sehr fokussiert, und ohne zu wissen,
was auf uns zukommt, wurde mir mehr und mehr bewusst, worauf es ankommt. Und das war das Überleben dieser einzigartigen
Gemeinschaft. Irgendwie.

So durfte ich erleben, dass unsere Sinn- und Menschenorientierung in den letzten zehn Jahren Spuren hinterlassen hatte, stärkere, als ich manchmal angenommen hatte. Und mir dämmerte, dass diese Jahre nichts anderes als eine gute Vorbereitung waren, auf etwas, was wir nicht kannten. Wie sich nun herausstellte, war dieses »Etwas« nun diese Krise. Was jetzt anstand, war nichts anderes als die Feuertaufe unserer Kultur und unseres Miteinanders. Mit Beginn des Upstalsboom-Wegs wollte ich keine Angestellten, die morgens an- und abends wieder abgestellt werden, die einen Aufpasser brauchen, der darauf achtete, dass sie auch nichts anstellen, sondern wie ein Duracell-Hase nur das tun, was ihnen aufgetragen wurde. Ich wollte Menschen dabei unterstützen, ihren Weg aus ihrer vermeintlichen Abhängigkeit in die Eigenverantwortung zu finden. Ein anspruchsvolles Unterfangen, denn in unserer leidvollen deutschen Geschichte ging es oft mehr um die Bereitschaft zur Pflichterfüllung und zur Unterordnung, als um die selbstbewusste Übernahme von Verantwortung.

Ich wollte Menschen dabei helfen, zu verstehen, dass es beim Arbeiten nicht nur um Verdienen und den Lebensunterhalt geht, sondern vielmehr darum, seine wahren Träume zu verwirklichen. Immer und immer wieder habe ich Menschen beobachtet, die nur arbeiteten, um Geld zu verdienen, und Menschen, die taten, was sie liebten und darüber ihr Auskommen hatten. Die einen wurden irgendwann krank, während den anderen das Leben ein Lächeln ins Gesicht zauberte. Mir war es wichtig, dass sich möglichst viele nicht nur freiwillig, sondern aus innerer Überzeugung und mit ihrer ganzen Energie in eine Gesamtidee einbringen, in der der Mensch nicht Mittel zum Zweck Wirtschaft ist, sondern die Wirtschaft Mittel zum Zweck Mensch ist. In der Arbeit als etwas empfunden wird, das nicht nur dem Lebensunterhalt dient, sondern auch der persönlichen Entwicklung.

Zehn Jahre harter Arbeit lagen hinter uns, ein Weg mit extremen Höhen und extremen Tiefen. Und nicht immer war ich der Meinung, dass ich die Menschen in der Geschwindigkeit und in dem Umfang für ihn ermutigen oder begeistern konnte, wie es mir wichtig gewesen wäre. Oft ging mir vieles viel zu langsam. Häufig war ich ungeduldig, nicht selten innerlich eingeschnappt und manchmal auch richtig enttäuscht. Ich gewann Menschen – andere verlor ich. Viele, die in den Seminaren begeistert schienen, gaben im Alltag entgeistert auf und fielen zurück in ihren alten Trott. Nicht selten fühlte ich mich ausgelaugt und fand erst im Kloster wieder neue Kraft. Stellenweise hatte ich resigniert und einsehen müssen, dass ich Menschen nicht zwingen kann, ihr Glück zu suchen – sondern dass ich nur eine Plattform bereitstellen konnte, über die eine solche Entwicklung freiwillig möglich und gefördert wurde. Manchmal zweifelte ich an der Vision eines gesamtgesellschaftlichen Wandels, mit der wir in unserem Unternehmen beginnen und dazu beitragen wollten. Und ausgerechnet jetzt, wo alles auf dem Spiel stand, war der erste Effekt dieser Krise, die mich anfangs so dermaßen niedergedrückt hatte, der Beweis, dass die vorausgegangenen Jahre unserer intensiven Arbeit an Mensch und Kultur nicht umsonst gewesen waren. Unsere Idee dieser von uns sogenannten »stillen Revolution«, in der es darum ging, Mitarbeiter zu stärken und sie zur Eigenverantwortung zu führen, schien sich in dieser extremen Situation zu bewähren.

Am Montagabend war ich nach den vielen Gesprächen voller Gewissheit, dass wir alle auf dem Upstalsboom-Weg gesammelten Erfahrungen, die entwickelten Fähigkeiten und Eigenschaften, in dieser Krise brauchen würden. Es ging darum, den Menschen Halt zu geben, an dieser Bruchkante einer historischen Verwerfung mit der Bezeichnung SARS-CoV-2. Uns allen war sofort klar gewesen, dass da etwas ganz Bedrohliches auf uns zurollte, das mit ungeheurer Energie das Gewohnte umzuwerfen begann. Die Pandemie war lange ignoriert worden, doch jetzt nahm sie rasant an Fahrt auf und ließ die Globalisierung erstarren. Der sich weltweit anbahnende Lockdown würde enorme Folgen in allen Lebensbereichen haben, der Reisetourismus hatte das schon zu spüren bekommen. Diese Pandemie mit ihrem tödlichen Potenzial und einem unabsehbaren zeitlichen Verlauf machte ein »Weiter so« wie bisher unmöglich. Es gab noch keinen Impfstoff, und das einzige Gegenmittel war eine Isolation von Kranken und Gesunden.

In den Tagen zuvor hatte ich im Fernsehen verstörende Bilder aus Wuhan gesehen. Soldaten nagelten die Wohnungstüren der Infizierten mit Brettern zu, damit sie die Quarantänebestimmungen einhielten. Es schien, als wäre dieses mysteriöse Covid-19 die Pest 4.0 der globalisierten Menschheit. Für gläubige Menschen ein Fingerzeig Gottes. Die Menschen begannen mit der Anbetung der heiligen Corona – ironischerweise die Namensgeberin des Virus und die Schutzheilige gegen Seuchen und in Geldangelegenheiten. Kurze Zeit später würde der Generalvikar von Nitra mit einer Reliquie, einem heiligen Tuch, das mit dem Blut Jesu getränkt sein soll, in einem Flugzeug über die Slowakei fliegen, um die Menschen zu segnen und vor dem Virus zu schützen. Der Umsatz mit Toilettenpapier stieg um knapp 160 Prozent zum Vergleichsmonat des Vorjahrs – und plötzlich zeigten sich in den Geschäften Lücken in den Regalen wie einst im Sozialismus der DDR. Der Discounter Aldi lieh sich Mitarbeiter der geschlossenen Restaurantkette McDonald's aus, um seine wegen Hamsterkäufen ständig geleerten Regale wieder schneller zu befüllen. Und die Terrormiliz »Islamischer Staat« warnte – ernsthaft – vor Reisen in die Risikogebiete Europas.

Es gab eine Vielzahl solcher beunruhigenden Meldungen, die alle nichts Gutes verhießen. Die Sache schien mit dem Lockdown nun komplett aus dem Ruder zu laufen. Doch vielleicht würde alles nicht so schlimm werden. Wir müssten nur einen gewissen Zeitraum überstehen. Vielleicht nur Ostern? Vielleicht wäre bald ein Impfstoff verfügbar. Wir hatten doch ein bewährtes Team, wir würden mit unseren hochmotivierten Mitarbeitern sicher die richtigen Antworten auf diese Herausforderung finden.

Wie in meiner Morgenmeditation konnte mich das Miteinander zumindest vorübergehend von meinen negativen Gedanken und Gefühlen befreien, sodass ich mich auf die relevanten Fakten konzentrieren konnte. Es fühlte sich so an, als hätte ich mich dafür entschieden, die Situation anzunehmen, mich ihr zu stellen und in ihr Möglichkeiten zu finden, die uns weiterhelfen würden. Denn ich wusste nun, wofür. Mit diesem Wissen ging es nun darum, alles zu tun, um die Menschen in unserem Unternehmen, in unserer Gemeinschaft zu schützen und möglichst viel von dem zu erhalten, was wir als Upstalsboomer in der Vergangenheit aufgebaut und erreicht hatten. Noch immer wusste ich nicht, wie, aber die ersten guten Schritte in eine neue, für uns unbekannte Welt waren wir gegangen.

Klar war: Die Rahmenbedingungen würde ich nicht ändern können. Das Virus war da und mit der Entscheidung der Regierung auch der Lockdown. Aber gemeinsam würden wir Lösungen finden. Und vielleicht ist diese Vollbremsung, so dachte ich, auch eine Art Weckruf zum Innehalten. Vielleicht stehen wir gerade am Beginn von etwas völlig Neuem, und nur unsere Angst und die Ungewissheit hindern uns daran, die durch diese Krise entstehenden Chancen zu sehen, zu erkennen. Vielleicht war es ja wirklich so, dass wir mit Beginn dieser Pandemie Zeugen einer neuen Epoche wurden? Einen Wendepunkt erlebten für unsere und alle folgenden Generationen: die Abkehr von konkurrierenden Gesellschaftsmodellen und den Start in eine gemeinnützige Wirtschaft, die weltweit allein dem Menschen und der Schöpfung dient. Eine Wirtschaft, die das Artensterben beendet und das Klima und die Ressourcen schont. Weg von einer verschwenderischen Konsumgesellschaft zu einer globalen Verantwortungsgesellschaft. Einen Wandel von der reinen Wissens- zu einer Art Weisheitsgesellschaft. Eine Wirtschaft, die Menschen stärkt, ihr Miteinander durch Verbundenheit fördert, statt sie in aggressiver Konkurrenz zu entzweien. Konnte dadurch vielleicht eine Transformation stattfinden, bei der Leben bewahrt und Lebensvielfalt nicht zerstört wird, aus einem Selbsterhaltungswillen heraus, um unsere Erde vor dem Untergang, vor uns Menschen zu retten? Was, wenn das so wäre? Warum sollten wir dann an dem hängen bleiben und zurücksehen, was wir gerade im Begriff waren, für immer hinter uns zu lassen? Das bequeme Leben ist nicht das gute Leben. Vielleicht war das Virus ja die Einladung, endlich neue Räume zu betreten? Eine Einladung für den großen globalen Wandel? Wäre das so, dann hätten wir jetzt die einzigartige Chance, dem Rechnung zu tragen.

Die Kanzlerin

Als ich am Montagabend nach Hause kam, war ich getragen von einem Gefühl, alles Notwendige und Machbare auf den Weg gebracht zu haben. Und das setzte sich auch in den folgenden Tagen fort, die schnelle Reaktionen und Entscheidungen erforderten und nicht zuließen, sich tiefer mit der Frage zu beschäftigen, was da eigentlich geschah. Tagsüber war die Zeit des Gestaltens, des Handelns, man glaubte, die Dinge in der Hand zu haben. Abends sah die Welt aber ein bisschen anders aus. Der Strom beunruhigender Nachrichten riss nicht ab. Es wurde schlimmer statt besser. In Italien wurden an einem einzigen Tag 600 Corona-Tote registriert; die Särge wurden knapp. Bilder aus der eigentlich idyllischen Stadt Bergamo gingen um die Welt. Ein Zug von dreizehn Militär-Lkws, beladen mit verstorbenen Corona-Patienten, die aus dem örtlichen Krankenhaus in andere Städte abtransportiert werden mussten, weil das Krematorium von Bergamo mit der Verbrennung der Leichen nicht nachkam. Mittlerweile gelten die Fernsehbilder dieser Kolonne des Todes sowie die Fotos von Kirchen mit Reihen von Särgen wegen ihrer schrecklichen Wirkung als Zäsur in der Corona-Krise: Erst durch sie verankerte sich die Gefährlichkeit des Virus nachhaltig im Bewusstsein der Bevölkerung in ganz Europa. Unsere Kinder hatten plötzlich Angst um ihre Großeltern und davor, dass so viele Menschen starben. Wir hatten vorher sehr engen Kontakt zu ihnen gehabt – und das war plötzlich nicht mehr möglich. Erst hatten unsere Kinder noch gejubelt, als die Schulen geschlossen wurden. Sie dachten, sie hätten Ferien und könnten machen, was sie wollten. Als aber die Konsequenzen klar wurden, dass es keinen Fußball, keine Besuche von Freunden, letztlich gar nichts mehr gab, was sie außer Haus machen konnten, wurden die Gesichter länger und länger. Nicht einmal im Fernsehen gab es noch ein Fußballspiel zu sehen. Die Bundesliga abgesagt, die Europameisterschaft verschoben und auch die Olympischen Spiele in Gefahr.

Was uns als Eltern besorgte: Wie kamen unsere Kinder, überhaupt alle Kinder mit der Krise klar? Wie mit ihren Ängsten, mit den auf sie einströmenden Nachrichten? Mit dem Maskengebot? Mit der Schulsperre und der Isolation? Welche Folgen konnte das für ihre Entwicklung haben? Und wie konnten wir die auffangen? Für Kinder ist es schwer einzuordnen, was abstrakte und was konkrete Bedrohungen sind. Und wir Eltern mussten auch erst unsere Erfahrungen damit machen. Wir mussten entscheiden, was okay ist und was nicht. Durften sich unsere Kinder verabreden? Würde unsere Achtjährige die Abstandsregeln einhalten? Durften sie mit anderen Kindern nur im Garten spielen? Durften fremde Kinder ins Haus reinkommen, wenn das Wetter zu schlecht war? Auch hier wandelte sich etwas im Miteinander der Kinder. Ein Bekannter erzählte, dass sie nicht mehr wie früher »Wer fürchtet sich vor dem schwarzen Mann?« spielten, sondern sie riefen »Virus, Virus«, wenn sie sich über den Hof jagten. Das Virus sperrte uns ein. Isolierte uns wie Milliarden andere Menschen. Auch hier war für uns Eltern Klarheit und Transparenz wichtig. Keinen Kokon bauen. In jedem Fall völlige Offenheit. Wir haben den Kindern erklärt, wie hoch ansteckend dieses Virus ist. Dass die Mediziner noch nicht genau wissen, wie es sich überträgt, und dass wir genau auf Hygienevorgaben wie Händewaschen und Mundschutz achten müssen.

Aber wir beobachteten auch, wie es weiterging mit der Wirtschaft. Die Krise betraf nicht nur Hotels, auch andere Unternehmen erteilten Reiseverbote. Kreuzfahrtschiffe durften nicht mehr Häfen anfahren und setzten Quarantäne-Flaggen wie die Pestschiffe im Mittelalter. Weltweit wurden Grenzen und Flughäfen geschlossen. Hunderttausende deutsche Urlauber warteten auf eine Rückholung. Die Gastronomie kam zum Erliegen, Theater, Kinos, Museen, Konzertsäle, und Tagungszentren schlossen ihre Pforten. Metropolen wie Tokio, Schanghai, New York, Hongkong oder Mumbai, Sinnbilder der ungezügelten Globalisierung, gerieten in einen Ausnahmezustand. Alles schien auf den Kopf gestellt zu sein.

Das Virus trennte Familien. Liebespaare. Existenzen wurden zerstört. Lebenspläne vereitelt. Und manch einer vereinsamte im Lockdown. Es zeichnete sich ab, die Pandemie würde nicht so schnell in den Griff zu bekommen zu sein. Und dann kam die Fernsehansprache von Bundeskanzlerin Merkel: »Seit dem Zweiten Weltkrieg gab es keine Herausforderung an unser Land mehr, bei der es so sehr auf unser gemeinsames solidarisches Handeln ankommt.« Auch wenn sie sich »vollkommen sicher« sei, dass die Krise überwunden werde, stelle sich die Frage: »Wie hoch werden die Opfer sein? Wie viele geliebte Menschen werden wir verlieren?« Sie forderte: »Es ist ernst. Nehmen Sie es auch ernst.« Die Vorstellung von Normalität, so fuhr sie fort, von einem öffentlichen Leben, von einem sozialen Miteinander würden auf die Probe gestellt werden wie nie zuvor. Die Epidemie zeige, wie verwundbar wir alle seien.

Der französische Staatspräsident Emmanuel Macron wurde in seiner TV-Ansprache an die Franzosen noch deutlicher und sagte, sein Land befände sich im Krieg. Sechsmal wiederholte er das in seiner Rede. Und beide, Merkel und Macron, kündigten an, die kommenden Wochen würden noch schwerer. Niemand wagte Prognosen, wie lange, wie mächtig sich dieses Virus in unserem Leben breitmachen und wie viele Opfer es kosten würde. War es wie bei der Pest, dem »Schwarzen Tod«, der in den Jahren von 1347 bis 1352 in mehreren Wellen etwa 40 Prozent der europäischen Bevölkerung dahinraffte? Gesunde Menschen machten mittags ihr Testament und waren Stunden später tot. Ganze Dörfer wurden entvölkert und verschwanden von der Landkarte, weil niemand da war, die Leichen zu bergen und die Häuser mit neuem Leben zu füllen. In welche Richtung sollte es nun gut 700 Jahre später gehen? Ich wusste es nicht, keiner wusste es.

In jedem Fall führten die Nachrichten und die Ansprache der Kanzlerin direkt ins nächste Stimmungstief. Verflogen waren die positiven Momente. Voller Zweifel und Unruhe ging ich ins Bett. Anders als sonst brauchte ich eine Weile, um einzuschlafen. Zu viele Themen, zu viele Gedanken, und dann auch noch die hoffnungslose Berichterstattung im Fernsehen. Das war einfach zu viel, viel zu viel.

5 Morgenstille II

*Für zwei unterschiedliche Geister kann
dieselbe Welt der Himmel oder die Hölle sein.*
Ralph W. Emerson

Wer beherrscht hier wen?

Trotz meiner sehr unruhigen Nacht wurde ich wieder um 4:15
Uhr in der Früh wach und gab mich meinem Morgenritual hin:
Dao-Massage, Meditation, Sport und kalte Dusche. Für mich sind
diese ersten Schritte des Morgens zu tragenden Säulen der Ruhe
geworden und das ganz besonders, wenn bedrohliche Ereignisse
Einzug in mein Leben erhalten und mich versuchen, in ihren
Bann zu ziehen. Wie zum Beispiel der Moment, als mir meine
Frau sagte: »Bodo, die machen die Inseln dicht!« Natürlich hatte
mich das im ersten Moment erschüttert. Sehr sogar. Alles andere
wäre nicht normal gewesen. Es ist nicht möglich, allen Schick-
salsschlägen zu entkommen, noch ist es möglich, die aus ihnen

hervorgehenden Emotionen wirklich zu verhindern. Müssen wir auch nicht. Denn wir sind nicht verantwortlich für unsere Emotionen, sondern nur dafür, wie wir mit ihnen umgehen. Und jeder Versuch, sie zu unterdrücken, macht sie nur noch stärker. Chögyam Trungpa, ein buddhistischer Gelehrter aus Tibet, sagte einmal:»Unterdrücke den Zorn nicht. Aber gib ihm nicht nach.« Dieser Satz beschreibt sehr schön, worum es geht. Für mich ist es sehr wichtig geworden, Gefühle wie Angst, Wut oder Trauer zuzulassen, aber nicht auszuleben. Denn erst mit dem Ausleben werden diese Gefühle negativ und fügen mir und anderen einen Schaden zu. Als ich auf dem Sofa saß und zu weinen angefangen hatte, hatte ich die in mir aufbäumenden Emotionen zu- und auch herausgelassen. Das ist in Ordnung, solange wir damit niemand anderen verletzen oder emotionale Umweltverschmutzung betreiben.

Alle negativen Emotionen haben dennoch einen Sinn. Sie weisen darauf hin, wo etwas nicht stimmt, wo Grenzen überschritten worden sind. Oder wo etwas, das mir heilig ist, in Gefahr ist. Doch ich kann lernen, gut mit ihnen umzugehen, sie rechtzeitig wahrzunehmen, anzunehmen und später durch sie hindurchzugehen oder sogar mit ihnen Freundschaft zu schließen. Es liegt ausschließlich in meiner Verantwortung, ob ich meine Gefühle beherrsche oder ob ich mich von ihnen beherrschen lasse. Je früher ich sie erkenne, desto leichter fällt es mir, mich nicht von ihnen überwältigen zu lassen. Es geht also darum, sich seiner Gefühle rechtzeitig bewusst zu werden. Denn erst die Bewusstheit gibt mir die Wahl, mich zu den Gefühlen in mir so oder so einzustellen, mit ihnen so oder so umzugehen. Sie zu erforschen, mit ihnen in den Dialog zu gehen oder sie – häufig auf Kosten der Mitmenschen – auszuleben.

Im Trubel des Alltags ist es jedoch teilweise schwer, so bei mir zu bleiben, dass ich das Aufkommen von Gefühlen rechtzeitig wahrnehme. Mit etwas Übung ist es aber möglich, Gefühle im Moment ihres Entstehens sofort zu erkennen und sie dann anzunehmen und zu verwandeln. Geholfen haben mir dabei regelmäßig wiederkehrende Momente der Stille. Und das ist auch ein Grund, weshalb ich nicht auf meine morgendliche Meditation verzichten will. Es geht um diese Momente, in denen ich in mich hineinspüre und mich frage: »Wie geht es dir gerade?« Früher oder später verflüchtigt sich in der Stille die Hektik, und der Geist kommt zur Ruhe. In der Stille gehe ich auf Distanz zum Trubel des Alltags, nehme die Vogelperspektive ein, betrachte alles wie aus weiter Ferne und gewinne ein Art Lufthoheit über das, was um mich herum und in mir drin geschieht.

Die Stille ist ein Heilmittel für die Seele. Die Mönche sprechen von einem Raum der Stille in uns. Nur in diesem Raum sind wir frei von der Macht dieser Welt. Nur dort haben andere Menschen mit ihren Erwartungen und Ansprüchen, mit ihren Urteilen und Verurteilungen keinen Zutritt. Dort sind wir auch frei von inneren Zwängen. Unsere Selbstbeschuldigungen und Selbstverurteilungen bleiben ebenfalls außen vor, und unsere Schuldgefühle verlieren dort ihre Macht. In diesem Raum der Stille sind wir wirklich frei.

Steter Tropfen

Auch in extremen Situationen der Anspannung Zugang zur inneren Stille zu finden ist eine Frage der ständig wiederkehrenden Übung. Ich muss es nicht können, ich kann es nur immer wieder versuchen. Das ist der wichtige Aspekt dabei, denn wenn ich es erst tue, wenn ich es unbedingt brauche, scheitere und verzweifle ich.

Im Rahmen einer digitalen Vorlesung fragte mich eine Studentin der Wirtschaftsuniversität Wien, was wir uns denn für die Mitarbeiter haben einfallen lassen, als das Berliner Hotel geschlossen wurde. Ich entgegnete ihr: »Wenn wir uns erst im Moment der Schließung etwas hätten einfallen lassen, wären wir ziemlich spät dran gewesen. Da wäre das Kind schon in den Brunnen gefallen.« Ich erläuterte ihr, dass wir mit dem Upstalsboom-Weg schon seit Jahren versuchen, sie zu ermutigen und zu inspirieren, sich die wichtigen Fragen des Lebens zu beantworten, wenn man will, ihr Ikigai oder ihre Berufung zu finden. Beides, mein Ikigai genauso wie meine Berufung, übersteigen jedes Unternehmen und jede Krise. Da geht es um Größeres.

Wenn die Welt um uns herum immer weniger Halt bietet, tun wir gut daran, dem etwas entgegenzusetzen: Das ist unsere Haltung. Sie ist es, die uns Halt gibt. Für mich besteht Führung darin, Menschen darauf vorzubereiten, schwierige Situationen zu meistern, anstatt ihnen auszuweichen. Sie zu befähigen, ihnen etwas entgegenzusetzen. Resilient zu sein. Und dazu gehörte im Berliner Fall, dass weder die fehlenden Entscheidungen völlig überforderter Investoren noch die Krise an sich es geschafft hatten, die Mitarbeiter nachhaltig so zu verletzen, dass sie daran menschlich zerbrachen. Ja, viele von ihnen waren traurig. Sehr traurig sogar. Mich mit eingeschlossen. Aber viele konnten diese Trauer in eine Neugier verwandeln, in eine Neugier auf das, was in der Zukunft auf sie wartet. Es ist also entscheidend, seine innere Stärke vorher zu trainieren.

Wie häufig habe ich in der Anfangszeit versucht, morgens zu Hause zu meditieren. Und wie oft bin ich gescheitert. Im Kloster war es einfacher gewesen, da gab der Rahmen das her. Das Kloster war wie ein Gewächshaus, in dem die sich gerade entfaltende Pflanze optimale Bedingungen vorfindet, um weiter zu wachsen. Aber im Alltag? Zu Hause? Auch wenn es meine Frau war, die mir direkt nach meinem ersten Klosterbesuch eine Meditations-bank schenkte, gelang es mir zunächst nicht, dabei zu bleiben. Es brauchte viele Anläufe, und das über Jahre, bis sich so etwas wie Routine einstellte. Im Nachhinein war es wie beim Laufen-lernen: hinfallen, aufstehen, weitermachen! Und zwar so lange, bis es sich zu einer unwiderruflichen Gewohnheit entwickelt hatte.

Inzwischen gelingt es mir immer besser, und eben auch dann, wenn es schwierig wird, denn der morgendliche Gang in die Meditation hat sich als festes Verhaltensmuster tief in mir ver-ankert. Und das kam mir nun zu Hilfe. Im Kloster halfen mir dabei, mit denen in der Stille emporsteigenden Gedanken und Gefühlen umzugehen, eine Frage und ein Bild. Die Frage, um die ersten Minuten der Stille gut zu überstehen, lautete: »Wo-ran erkennst du diesen Augenblick?« Sie fokussierte mich auf die Gegenwart, darauf, was ich in diesem Moment wahrnahm, seien es Gedanken, Gefühle, Geräusche, Gerüche oder körperli-che Regungen. Das Bild, das ich benutzte, kam aus der Arbeits-welt: die Abwesenheitsnotiz im E-Mail-Programm. Viele ken-nen das: Eine eingehende E-Mail zieht dich in ihren Bann und macht vielleicht sogar Druck, dann, wenn du sie liest, aber nicht gleich bearbeiten kannst. Unweigerlich schwirrt sie im Kopf he-rum und raubt Energie. Wenn du aber im Urlaub bist und dir er-laubst, eine E-Mail nicht zu bearbeiten, fällt der Druck weg. Der Grund: das Aktivieren einer Abwesenheitsnotiz. Sie gibt dir das Recht, nicht unmittelbar handeln zu müssen, und schenkt dir die Sicherheit, dass niemand von dir erwartet, die E-Mail innerhalb der nächsten Stunden zu beantworten.

Im Rahmen einer Meditation kann ich mir also vorstellen, eine Abwesenheitsnotiz für meinen Geist als Absender zu aktivieren. Ich kann also für mich formulieren: »Lieber Gedanke, liebe Aufgabe, in den kommenden zwanzig Minuten bin ich im Urlaub und nicht erreichbar. Nach meiner Rückkehr werde ich mich gerne wieder mit dir befassen. Vielen Dank für dein Verständnis.« Es ist dann tatsächlich ein wenig so, als würde ich im Urlaub am Strand liegen, in den Himmel schauen und die Wolken dabei beobachten, wie sie über mir vorbeiziehen. Und so kommen auch die Gedanken und verwehen wie Wolken am Horizont an einem schönen Sommertag am Meer. Sie verändern Form und Farbe, verflüchtigen sich, bauen sich neu auf und ziehen als steter Strom hoch oben über mir vorüber. Nichts bleibt haften. Jede Bewertung, jede Qualität und jeder Inhalt sind im Moment der Stille unbedeutend. Die Gedanken sind da, aber sie nehmen mich nicht gefangen.

Ähnlich ist es mit den Gefühlen. Meistens sind es die negativen Gefühle, die mich in die Zukunft oder in die Vergangenheit ziehen. Die Angst vor etwas, das passieren könnte, ist ein Empfinden, das mich in die Zukunft eskortiert und dort gefangen hält. Aber wie bei den Gedanken kann ich auch auf meine Gefühle schauen. Da kann die Angst ruhig kommen, denn mir ist klar, dass es der Angst nicht um diesen Moment geht, in dem ich auf meinem Bänkchen sitze. Also schaue ich sie nur an und folge ihr nicht weiter. Mir hilft dabei die Vorstellung, wie sich das Gefühl in mir ausbreitet. Wo es entsteht, welchen Weg es sich in mir sucht, welche Form und welche Farbe es hat. Wie es sich anfühlt. Ist es ein Ziehen, ein Kratzen, ein Klingen oder etwas anderes? So auf meine entstehenden Gefühle einzugehen beschert mir das Wissen, dass sie nur in mir sind, ich sie aber nicht bin. Die Angst ist in mir, aber ich bin nicht die Angst. Die Wut ist in mir, aber ich bin nicht diese Wut. Durch diese Unterscheidung bleibe ich auf Distanz und vermeide, dass die Emotion Macht über mich gewinnt und mich aufs Gedankenkarussell zieht.

Letztlich ist es wie mit der Abwesenheitsnotiz im Urlaub, die mich davor bewahrt, mich auf die E-Mail, mich auf die Gedanken oder Gefühle einlassen zu müssen. Ich erlaube mir in diesen zwanzig Minuten täglicher Meditation, die Dinge so sein zu lassen, wie sie sind. Ich sage: »Das muss ich jetzt nicht lösen, in zwanzig Minuten, liebe Gedankenspirale, darfst du wiederkommen, dann beschäftige ich mich gerne mit dir, aber jetzt nicht.« Im unendlichen Strom der eigenen Gedanken schwimmen zu können, ohne unterzugehen – ich glaube, das ist das, was diese innere Freiheit ausmacht.

Zum Grund meiner Seele

Wenn ich schweige und in die Stille gehe, werde ich, bevor ich auf den Grund meiner Seele gelange, auf sehr radikale Weise mit meinem Selbst-, Menschen- und Weltbild konfrontiert. Die Gedanken und Gefühle sind das eine, aber die Antwort auf die Frage, woraus diese Gedanken und Gefühle entstehen, das andere. Denn deine Gedanken und Gefühle entstehen aus deiner inneren Haltung, deinen inneren Bildern, deiner Würde. Und deine inneren Bilder bilden sich mehr aus dem, was du erlebt hast, als aus dem, was du verstanden hast. Es ist wie beim Unterschied zwischen Theorie und Praxis. Das Verstehen ist die Theorie – und darin ist ein Großteil der westlichen Menschheit Weltklasse – und das Erleben die Praxis. Du kannst etwas über die Geburt eines Kindes lesen und hast anschließend verstanden, wie diese funktioniert. Aber erst wenn du bei einer Geburt dabei warst, wirst du es nicht nur verstanden, sondern tatsächlich begriffen haben. Denn das Erlebnis hat dich ergriffen und wird sich unweigerlich als inneres Bild in dir manifestieren.

Und so ist die Stille, genau wie die Krise, eine Art Reality-Check. Beide bringen zum Vorschein, was wirklich ist, was gelebt wurde und wird und wo wir uns etwas vorgemacht haben. Beide sind wie ein Prüfstand für den Satz »Walk the talk«. Bin ich in den Belangen des guten Lebens ein Theoretiker, oder lebe ich das, worüber ich spreche? Sowohl die Stille als auch die Krise zeigen auf, ob mein Anspruch, ob die Theorie mit der Realität zusammenpasst. So wie es mir mit Blick auf unser schönes Haus und meinen Verlustängsten ergangen ist. In der Theorie ist mir bewusst, dass ich mein Glück nicht von etwas abhängig machen sollte, was mir genommen werden könnte. Aber die Praxis hat gezeigt, dass ich meinem mir selbst formulierten Anspruch im Moment nicht mehr gerecht werde. Und die Folge daraus: Ich hatte Angst davor, etwas zu verlieren. Und so sind die Stille und die Krise Wegweiser, die uns aufzeigen, ob wir uns auf unserem Weg zum guten Leben verirrt oder verlaufen haben und wenn ja, wo. Bleiben wir im Angesicht der Stille oder eine Krise ruhig und gelassen, ist das ein deutliches Zeichen dafür, dass wir unserer Wahrheit entsprechend leben, dass wir die für uns wichtigen Fragen des Lebens nicht nur beantwortet haben, sondern sie tatsächlich leben. Aber dieser Weg ist unendlich. Und immer dann, wenn wir uns auf Abwegen befinden, auf Wegen, die uns von unserem wahren Selbst entfernen, wirken Krise und Stille wie Hinweisgeber.

Und das könnte ein Grund dafür sein, weshalb manche Menschen das Schweigen nicht aushalten können. Womöglich haben sie Angst davor, dass in der Stille etwas auftaucht, was ihrem Selbstbild widerspricht, ihren Selbstbetrug offenlegt – was sie traurig oder wütend macht. Sie könnten erfahren, wie sehr sie an ihrer Wahrheit vorbeileben. In der Stille treten tatsächlich viele ihrem ungelebten Leben gegenüber und fühlen sich erkannt, vielleicht sogar ertappt. Das ist, als würde sie ein Spotlight aus der anonymen Masse einer Zuschauertribüne herausleuchten. Oft entsteht Scham. Weil so manches im Leben schiefgelaufen ist. Wir uns selbst belogen und etwas vorgemacht haben. Weil man sich so ausgeleuchtet nicht mehr vor sich selbst verstecken kann. In der Stille sitzen wir vor dem Spiegelbild unserer Seele und dem, was wir aus ihr gemacht haben. So einige fürchten sich vor der Konfrontation mit sich selbst. Weil sie ahnen, was in der Stille an Ungeheuerlichkeiten hochkommen könnte, gehen sie dem Schweigen aus dem Weg, rennen lieber pöbelnd durch die Straßen oder betäuben sich mit übermäßigem Konsum, Reisen, Macht, Geld, Status. Und spüren doch, dass sie unbefriedigt und rastlos bleiben, weil da irgendetwas ist, was ihnen fehlt: Sinn. Viele werden sich erst am Ende ihres Lebens dieses Versäumnis zugestehen, nur wenige werden dann Frieden finden.

Bei dem, womit wir in der Stille konfrontiert werden, denke ich häufig an die Wüstenväter aus der Frühzeit des Christentums. Jene Asketen, die sich fastend in die Einöde zurückzogen, um bewusst sich selbst und dem Göttlichen zu begegnen. In ihren Berichten wird sehr plastisch beschrieben, wie Dämonen sie in ihrer Abgeschiedenheit leibhaftig heimsuchten und welche Kämpfe und Versuchungen sie zu durchleiden hatten. Tatsächlich sind die Dämonen nichts anderes als all die negativen Gedanken und Gefühle, die die Asketen in völliger Einsamkeit, durch den Mangel an Wasser und Nahrung immer am Rande des Wahnsinns, zu überwältigen drohten. So mancher wird diese sich selbst auferlegte Prüfung nicht überstanden haben. Nach steter Übung, die »Dämonen« dann zu überwinden und tief in sich die Stille zu erfahren, wird für die Überlebenden das Göttliche gewesen sein: sich wiederzufinden in einem allumfassenden inneren Frieden.

Der Weg zur Ruhe führt durch die Unruhe und nicht an ihr vorbei. Unruhe verweist immer darauf, was ich noch nicht erledigt habe, und zeigt für meine innere Arbeit, was ich dringend erledigen muss. In die Stille zu gehen erfordert Mut zur Demut. Denn Demut ist der Mut, in die Tiefen meines Selbst hinabzutauchen und meinem Schatten ins Gesicht zu schauen. Und nicht zuletzt hören wir in der Stille, in unserem tiefsten Inneren, auch die Stimme unseres Gewissens und erhalten über sie eine Idee davon, was wir als sinn- und wertvoll empfinden und was nicht. Dieses Gewissen, die Weisheit des Herzens, hilft uns dabei, Antworten auf die wichtigen Fragen des Lebens zu finden: Wer bist du wirklich? Was ist deine Sehnsucht? Was ist das, was ich wirklich, wirklich will im Leben? Was ist meine Berufung? Was sind meine wahren Träume unabhängig von jenen, die mir als solche von Marketingexperten, den Medien oder meinem Umfeld verkauft werden?

Jeder Mensch hat eine Berufung. Die Frage ist nur, was mir das Leben zuruft. Um das zu hören, muss ich in die Stille gehen und mir die Frage stellen, was ich wirklich gerne tun möchte. Und ob ich dafür auch eine Begabung habe. Und wenn sich meine Begabung und das, was ich wirklich gerne tun möchte, miteinander verbinden, habe ich meine Berufung gefunden. Danach schaue ich, wo mir das Leben Gelegenheiten bietet, das, was ich mag und wozu ich begabt bin, einzubringen. Und dann brauchen wir auch gar nicht mehr strategisch planen, dann führt uns das Leben aus der Stille heraus dorthin, wozu wir berufen sind.

6 Weiter geht's

Ab in die Bunker und zusammenrücken

Bevor ich mich am 19. März 2020 auf den Weg ins Büro machte, nahm ich, wie jeden Morgen, noch mein schwarzes Büchlein zur Hand. An diesem Donnerstag, vier Tage, nachdem wir erfahren hatten, dass wir sämtliche Hotels und Ferienwohnungsanlagen auf unbestimmte Zeit schließen mussten, antwortete ich auf meine drei Fragen (Auszug):

1. Ich bin dankbar für … meine Hoffnung und den Glauben daran, dass alles, was geschieht, seinen Sinn hat. Ich bin dankbar für … meine Ruhe, Klarheit und Gelassenheit. Ich bin dankbar für … die Mitarbeiter, die fokussiert an Lösungen arbeiten, und diejenigen, die voller Vertrauen sind. Ich bin dankbar für … Claudia und die Kinder, die mir allein durch ihr Sein unglaublich viel Kraft schenken!
2. Heute werde ich die Chance nutzen, alle Mitarbeiter mit meiner Ansprache zu ermutigen. Ich will versuchen, ihnen Hoffnung und Zuversicht zu vermitteln. Ich werde heute Banken

und Investoren um finanzielle Entlastung oder Unterstützung bitten. Ich werde jeden ermutigen und jedem danken, der mir heute begegnet. Ich werde Kontakt zu den Menschen suchen.
3. Heute werde ich ruhig, klar und gelassen bleiben.
4. Der gute Geist: »Gegenwärtigkeit führt uns aus der Krise.«

Ich machte mich also mit der Aufgabe auf den Weg ins Büro, heute allen Mitarbeitern umfängliche Informationen über den aktuellen Stand, die weiteren Perspektiven und Entwicklungen im Unternehmen zugänglich zu machen. Als ich mir Gedanken darüber machte, was ich ihnen angesichts der Bedrohung vermitteln wollte, entschied ich mich dafür, meine Sicht-, Denk- und anvisierte Handlungsweise zu offenbaren. Ich wollte sie teilhaben lassen an dem, wie es in mir ausschaut, woran ich glaube und was es braucht, um so gut wie nur irgend möglich durch die nächste Zeit zu kommen. Wie Merkel und Macron sprach auch ich von Krieg und darüber, dass ich überhaupt keine Ahnung davon hätte, was in den nächsten Monaten geschehen würde. Ich verwendete das Bild einer angegriffenen Stadt, die ihren Widersachern nichts anderes entgegenzusetzen hatte, als alles herunterzufahren, alles zu verbarrikadieren und sich in Bunker zu verkriechen, abzuwarten, auszuhalten, um im Anschluss an den Spuk zu sehen, was von ihrem Hab und Gut noch übrig geblieben ist. Und daraus galt es dann, wieder etwas aufzubauen, egal wie viel noch von dem existiert, das über Jahre entstanden war. So müssten auch wir vorgehen. Irgendwie würden wir weitermachen. Aber vorher müssten wir nur lange genug aushalten.

Und so sagte ich den Mitarbeitern: »Etwas auszuhalten ist manchmal wichtiger, als etwas zu erreichen. Auch wenn es ungleich schwieriger ist. Und so sollten wir geduldig ausharren, was nicht zu ändern ist, wir sollten das Notwendige tun, um nach dem Ende des Lockdowns aus der Deckung zu kommen, und da ansetzen, wo uns das Virus zum Stillstand gezwungen hat.« Ich wusste, dass ich den Geduldsrahmen damit weit gesteckt hatte. Wir würden nicht aufgeben, sondern aus dem, was übrig geblieben ist, wieder anfangen, unsere Stadt neu aufzubauen. Und dass wir dann aber aufgefordert sind, den Zustand nicht zu beklagen. Ich erklärte, es ginge darum anzupacken. Es ginge in dieser Pandemie nicht um Schuldzuweisungen, denn uns würde keine Schuld treffen. Keiner sei schuld an dem, was passiert ist und was passieren wird. Es gäbe daher nichts, über das zu diskutieren sei, außer über den Weg, den wir nehmen müssten. Es ginge nicht ums Jammern und Klagen, sondern um unsere Zukunft. Darum, dass wir eine Aufgabe, die das Leben uns stellt, in Würde zu bewältigen haben, egal wie schwierig sie auch sein mag. »Aber egal was passiert, wir werden gemeinsam das Beste daraus machen. Und das wird uns gelingen, wenn wir zu unseren Werten stehen und zusammenhalten.«

Bei meiner ersten Ansprache war es mir wichtig gewesen, die Mitarbeiter auf das Schlimmste einzustellen und nichts zu verharmlosen. Aber ich sagte auch, dass wir trotz der vorangegangenen Wintersaison verhältnismäßig gute Voraussetzungen hätten, eine längere Reise ohne Umsätze zu überstehen. Dass es gerade die Mitarbeiter gewesen seien, die im letzten Jahr und im Schweiße ihres Angesichts dafür gesorgt hätten, dass wir ausreichend Bordmittel haben, um über einen längeren Zeitraum im Bunker verharren zu können. Ich schwor die Teams darauf ein, nur das Nötigste zu verbrauchen und alles dafür zu tun, möglichst lange in dieser neuen Situation aushalten zu können, privat und im Job. Dass die nun anstehende Zeit allen viel abverlangen würde, dass sie uns emotional belasten und materielle Entbehrungen mit sich bringen würde. Aber ich sagte den Mitarbei-

tern auch, dass wir schon dabei seien, zu prüfen, welche staatli-
che Unterstützungen uns dabei helfen könnten, diese schwierige
Zeit zu überwinden. Ich nannte die Namen derjenigen, die
schon Konkretes in dieser Richtung übernommen hatten, und
forderte jeden dazu auf, sich Gedanken darüber zu machen, welchen Beitrag er oder sie zum Überstehen dieser unvorstellbaren
Situation leisten könne und wolle.

Eine wohl sehr wichtige Botschaft war dann noch: Solange es
in unserer Macht stünde, würden wir niemanden krisenbedingt
fallen lassen. Jeder würde gebraucht. Einige müssten etwas zu-
rücktreten, aber spätestens zur Wiedereröffnung wollten wir alle
wieder an Bord sehen. Die Zeit bis dahin würden wir gemeinsam am besten überstehen.

Die Krise entfesselte eine Vielzahl von Unsicherheiten in allen Lebensbereichen und traf jeden. Was uns sehr geholfen hat,
unsere Mitarbeiter zu halten, war die Tatsache, dass es in anderen Branchen nicht besser aussah. Wir hörten, wie woanders
mit Angestellten umgegangen wurde, nach dem Motto: »Rette
sich, wer kann – aber ich zuerst!«, und wie hilflos und alleingelassen viele Familien sich in dieser Situation fühlten. Aus all dem
sprach auch die Angst unserer Mitarbeiter, was die kommenden
Wochen noch an Einschnitten bei uns bringen würden. Doch
Angst lähmt. Angst löst keine Probleme, sondern verschärft sie.
Aus diesem Grund ging es für uns darum, in Ecken zu leuchten, in denen für andere kein Licht brennt, um sie wieder hell
werden zu lassen. Jedes Gefühl der Ablehnung, des Ausgesetzt-
seins und der Vereinzelung sorgt nur für Irritationen und Ab-
wendung.

Die Nachrichten auf den sozialen Plattformen und die über
Fernsehsender ausgestrahlt wurden, waren ausgesprochen de-
struktiv und sorgten zusätzlich für Verunsicherung; und das of-

fensichtlich nicht nur bei mir. Mir ging dieser sensationsbezogene Umgang vieler Medien mit der Pandemie irgendwann so auf die Nerven, dass ich sämtliche Apps aus meinem Handy entfernt habe und – wenn überhaupt – nur noch einmal am Tag die Nachrichten anschaute. Und in den sozialen Medien wurden Gerüchte und Verschwörungstheorien über die Verursacher und Nutznießer der Krise verbreitet, die einer sachlichen Prüfung nie standhielten. Gerüchte sind aber genauso zerstörend in einem Unternehmen wie Angst. Auch das Jammern über Corona war infektiös. Vor allem war es sinnlos. Denn das Virus war da. Und so konnte ich alle nur immer wieder ermutigen, sich der Stimmungsmache da draußen nicht anzuschließen. Ich wollte nicht, dass die Verunsicherung im Team um sich griff, dass unsere Mitarbeiter resignierten, jede Hoffnung verloren und mental abdrifteten.

Es gab Umfragen, die zum Ergebnis führten, dass 40 Prozent aller Gastronomie-Mitarbeiter wegen zerstörter Zukunftsperspektiven die Branche wechseln wollten. Die Aussichten für die Branche mit ihren vielen ungelernten Arbeitskräften waren in der Tat nicht rosig. Daher auch hier absolute Klarheit, dass wir niemand fallen lassen würden. Sämtliche Informationen sollten direkt von uns kommen. Nicht durch die Medien. Nicht durch soziale Netzwerke, durch fragwürdige Plattformen oder Foren von außerhalb, die Halbwissen und Fake News verbreiteten. Nicht durch Gerüchte. Sondern direkt. Offen und klar. Durch uns. Durch mich. Um möglichst all das transparent zu machen, was auf uns durchschlagen würde und wie wir darauf reagieren wollten, setzten wir in bisher nicht gekannter Intensität auf unsere interne digitale Kommunikations-Plattform, tägliche Podcasts und WhatsApp-Meldungen. Vor allem nutzten wir aber Zoom.

Und mit meiner Ansprache hatte ich versucht, allen Mitarbeitern das Gefühl geben zu wollen, so präsent und ansprechbar wie möglich zu sein. Manch einer meinte später etwas trocken, man habe mich in der Krise durch den digitalen Austausch häufiger gesehen und Fragen stellen können als jemals in den ganzen Jahren zuvor. Das war vor der Krise tatsächlich nicht so perfekt gewesen. Für viele war ich nach ihrem Gefühl in wichtigen Angelegenheiten oft nicht zeitnah genug erreichbar. Immer wieder hörte ich Unzufriedenheit, dass sich Mitarbeiter einen intensiveren Austausch mit mir wünschten. Der war angesichts meiner bisherigen Arbeitsweise allein schon wegen der räumlichen Distanz nicht möglich. Durch den Lockdown, so schien es zunächst, würde es noch weniger Austausch geben können. Aber auch das war eine wichtige Erfahrung: Krisen eröffnen eine Menge Chancen. Das plötzlich alles nur noch digital zu managen, erwies sich als einer der unglaublichen Glücksfälle der Krise. Durch unsere Zoom-Konferenzen und den täglichen Podcast war ich plötzlich für alle zur selben Zeit sichtbar. Jeden Tag. Jeder konnte Fragen stellen. Und die aufgezeichneten Videos und Antworten waren Tag und Nacht im Intranet verfügbar. Die Mitarbeiter bekamen das Gefühl, dass ich für sie da bin. Dass ich auf sie eingehe, reagiere und handlungsfähig bin, Perspektiven schaffe und versuche, sie mit allen verfügbaren Kräften dabei zu unterstützen, aus den Möglichkeiten Wirklichkeiten werden zu lassen.

Die Zeit, die ich heute via Podcast und Zoom mit unseren Mitarbeitern kommuniziere, ist ein Vielfaches dessen, was in den Jahren vor der Krise an direkter Kommunikation stattgefunden hat. Und gleichzeitig verbrauche ich ein Vielfaches weniger an Zeit, da das Reisen wegfällt.

Kleiner, törichter Junge

Der nächste positive Effekt der Krise: keine Wartezeiten auf Flughäfen, keine Staus auf den Autobahnen, keine überfüllten Züge, kein Leerlauf bei Terminen. Was früher Stunden und Tage an Zeit gekostet hatte (etwa An- und Abreise), war jetzt in Minuten zu erledigen. Hierzu gab es noch während des ersten Lockdowns einen Impuls eines Beirats, der mich später zu einer erkenntnisreichen Überschlagsrechnung angeregt hatte. Vorausgegangen war ein Interview mit der *Welt*-Wirtschaftsreporterin Dr. Inga Michler zu einem Zeitungsartikel mit der Überschrift: »Sieben Stunden am Tag für das Unternehmen reichen vollkommen aus«. Es dauerte nicht lange, und ich bekam als Reaktion auf dieses Interview von einem eher klassisch denkenden Beirat eines unserer Hotels einen bitterbösen Brief, in dem er mich, vorsichtig ausgedrückt, als kleinen, törichten Jungen darstellte, der überhaupt keine Ahnung davon hat, worauf es in Krisen ankäme, dieser Artikel sei für alle pflicht- wie verantwortungsbewussten, aber besonders auch leistungsorientierten Menschen ein Schlag ins Gesicht.

Ich sah keinen Grund, dieses Schreiben zu erwidern, nahm es aber zum Anlass, eine Rechnung aufzustellen; nur für den Fall, dass dieses Thema bei einem der irgendwann anstehenden Präsenztermine auf den Tisch kam. Die Rechnung sah wie folgt aus: Wenn ich gut 100 000 Kilometer pro Jahr unterwegs bin und diese Distanz mit einer durchschnittlichen Geschwindigkeit von hundert Stundenkilometern überwinde, bin ich bei einem angenommenen Arbeitstag von zehn Stunden hundert Tage pro Jahr unterwegs. Der durchschnittliche Deutsche arbeitet nach Abzug von Wochenenden, Feiertagen, Urlaub und Krankheit circa

210 Tage im Jahr. Für das Rechenbeispiel würde das bedeuten, dass ich im Schnitt 48 Prozent meiner Arbeitszeit mit Reisen beschäftigt bin. Wenn ich aber nun, wie in der Pandemie, nicht mehr reise, sondern meine Termine digital wahrnehme, spare ich pro Tag fünf Stunden ein, die ich nicht mehr für Reisen aufwenden muss. Im Umkehrschluss heißt das, dass ich mit meinen öffentlich propagierten sieben Stunden in Wirklichkeit viel mehr Zeit in die Unternehmensentwicklung investiere, aber vor allem viel mehr Zeit dafür finde, die Menschen in unserem Unternehmen bei der Klärung ihrer Anliegen und bei der Bewältigung ihrer Aufgaben zu unterstützen. Mehr Zeit, Menschen zu ermutigen, einzuladen und zu inspirieren, über sich hinauszuwachsen und schwierige Situationen zu meistern. Für die Mitarbeiter da zu sein mag Zeit kosten, manchen in den Chefetagen vielleicht auch lästig sein – Zeit für die Menschen war aber eine der besten Investitionen in der Krise, weil sie uns spüren ließ, wo die Mitarbeiter zustimmen und mitgehen, wo es Unverständnis, Unbehagen gibt, was sie bedrückt.

Wie oft habe ich schon einsame, aber für mich ganz normal wirkende Entscheidungen getroffen, um anschließend in die ratlosen Gesichter meiner nicht einbezogenen Mitarbeiter zu schauen, die diese Entscheidung nicht nachvollziehen konnten, aber umsetzen sollten. Eine fortlaufende Transparenz, die die Mitarbeiter an den Entwicklungen im Unternehmen teilhaben lässt, verhindert dagegen, dass Menschen sich außen vorgelassen und überfahren fühlen. Zur Transparenz gehört auch, dass kritische Fragen nicht nur möglich, sondern sogar eingefordert werden. Das muss nicht in den Konferenzen geschehen – oft kommen im Nachgang, im persönlichen Gespräch, Fragen von Mitarbeitern, die bereichern können, weil sie ein Problem noch einmal von einer ganz anderen Seite beleuchtet haben. Zu diesem Perspektivwechsel gehört eine offene Gesprächskultur mit dem Ziel, dass alle Beteiligten untereinander im Austausch bleiben, dass ihre Meinung gehört und wertgeschätzt wird, bei der sie erkennen können, dass ihre Ideen mit einfließen in das Gesamte und nicht auf der Strecke bleiben. Und dafür muss ich aber auch sichtbar und ansprechbar sein. Nähe statt Ferne. Empathie statt Dominanz.

Es kristallisierte sich bald folgendes Verfahren heraus: Sachthemen und Informationen via Zoom-Konferenz. Was zu persönlich oder privat war, wurde vertraulich nach der Konferenz per Telefon besprochen. Am besten aber auf einem gemeinsamen Spaziergang – was mir immer am liebsten ist bei kritischen Gesprächen: Schulter an Schulter gemeinsam in eine Richtung gehend. Zur Klarheit im Unternehmen gehörte für uns aber auch, dass jeder seine Meinung selbst vorbringt. In einem Fall hatte ich zwei Direktoren, die mit einer Situation nicht zurechtkamen, unsicher waren und sich mit einer im Team herbeigeführten Maßnahme nicht einverstanden zeigten. Die beiden hatten sich miteinander besprochen. Es trat aber nur der eine Direktor an mich heran und gab vor, er wolle für alle anderen noch Folgendes anbringen … Sagte aber nicht, dass er nur für sich und seinen Kollegen sprach. Aus solchen Fehlinformationen können Fehlentscheidungen entstehen, ganz einfach, weil ich jetzt annehmen musste, dass es nicht nur bei einem Einzelnen Unverständnis gab, sondern im gesamten Team. Das aufzuklären kostet Zeit und schafft zusätzlichen Unmut, vor allem entsteht Misstrauen im Team. Deswegen: Klarheit statt Schonung.

Um solche Fehlentwicklungen schon im Entstehen zu stoppen, habe ich sofort die Karte »Klarekante.de« gezogen. Ich sagte: »In dieser Krise brauchen wir keine Klassensprecher. Niemanden, der glaubt, sich für andere, vermeintlich Schwache starkmachen zu müssen – denn wenn nicht alle Stärke zur Offenheit zeigen, im Guten wie im Schlechten, werden wir diese Krise nicht durchstehen. Wenn also jemand etwas einzuwenden hat, dann sagt er das direkt vor dem ganzen Team oder in unseren Zoom-Konferenzen – alles andere führt zu Problemen. Wenn jemand ein Thema hat, dann muss er lernen, sich für sich selbst einzusetzen und sich nicht hinter anderen zu verstecken. Denn wenn jemand meint, sich für alle anderen starkmachen zu müssen, dann ist das tödlich für eine Gemeinschaft, der Ursprung größten Übels. Erstens dadurch, dass jemand, der vorgibt, andere zu vertreten, meistens nur seine eigenen Interessen vertritt. Und zweitens, weil er die anderen schwächt, indem er sie aus der Pflicht nimmt, selbstbewusst und offen aufzutreten.

Etwas anderes ist es, sich für den anderen einzusetzen, damit er so stark wird, dass er sich in einem Konflikt selbst äußern und für sich selbst einstehen kann. Das sich Verstecken hinter anderen führt in die Sackgasse, aus der nur schwer wieder herausgefunden werden kann. Klarheit und Anleitung zur Selbstverantwortung ist eine der wichtigsten Regeln des heiligen Benedikt für eine funktionierende Klostergemeinschaft – und ein Verstoß dagegen eine der von ihr am härtesten sanktionierten Handlungsweisen. Auch in unserem Leitbild, unserem Wertebaum, findet sich hierzu der Wert Offenheit mit der klaren Aufforderung: »Mit Menschen zu sprechen, anstatt über sie zu reden.« Transparenz in allen Bereichen war das Gebot der Stunde, auch für uns. Aus diesem Grund habe ich auch klar gesagt, dass wir jeden Cent dreimal umdrehen werden und dass das vorerst so bleiben muss, bis wir Land sehen, bis wir unsere Hotels wieder öffnen können. Wir würden ab sofort alles verschnüren und unter Deck bringen, um es vor diesem Sturm, der da auf uns zurollt, menschenmöglich zu schützen.

Nichts wollte ich schönreden. Auch hatte ich mich nicht der Tatsache verschließen wollen, dass wir bis auf Weiteres komplett auf uns selbst zurückgeworfen sein würden und im schlimmsten Fall auch alles zerstört werden könnte. Ich ließ keinen Zweifel daran, dass ein Countdown eingeleitet worden war, den wir, so schnell wie es ging, unterbrechen müssten. Mit jedem Tag würden unsere Mittel schmelzen wie ein Gletscher in der Sommersonne. Ich machte den Mitarbeitern aber auch Mut, dass unser Unternehmen nicht aus dem letzten Loch pfiff, es relativ gefestigt wäre, ein Verdienst unserer Mitarbeiter. Durch ihren Einsatz für die Gäste im vergangenen Jahr hätten sie sehr viel dazu beigetragen, dass wir Rücklagen bilden konnten. So sei ein Stück weit Sicherheit entstanden, die wir jetzt nutzen konnten, um Unterstützung von Bund und Ländern zu bekommen, die ja davon abhängig gemacht wurde, dass ein Unternehmen nicht schon vor Corona in Schräglage geraten war. Alles, was wir gemeinsam geleistet und erwirtschaftet hätten, käme damit uns allen zugute. Und das bedeutete, dass wir zumindest für die nächsten drei, vier Monate auch ohne liquiditätswirksame Unterstützung von außen klarkommen würden.

Klarheit statt Schonung

Gleichzeitig bereitete ich die Mitarbeiter in meiner Ansprache ohne Schonung darauf vor, dass wir Kurzarbeit beantragen und sie sich auf Einschnitte gefasst machen sollten, auch privat hätten sie entsprechend Vorsorge zu treffen, weil sie nicht die Höhe an Gehalt erwarten dürften, die sie gewohnt waren. Ich habe ver-

sucht zu verdeutlichen, weshalb wir bei null Einnahmen und
gleichzeitig weiterlaufenden Kosten die Differenz der Gehälter
zur Kurzarbeit nicht aufstocken könnten, deshalb, weil wir nicht
wüssten, wie lange wir mit den uns zur Verfügung stehenden
Rücklagen auskommen müssten. Alle Mitarbeiter mussten für
die verbleibenden Tage im März ihren Resturlaub nehmen und
Überstunden abbauen, um die Arbeitsstundenkonten auf null zu
setzen. Den restlichen März würden wir für notwendige Schön-
heitsreparaturen oder Renovierungen nutzen wollen. Schließlich
waren die Hotels leer. Der Arbeitsausfall war erheblich.

Das alles geschah ohne Klage. Heute denke ich, dass diese
absolute Klarheit in der Kommunikation viel dazu beigetragen
hat, den Mitarbeitern Sicherheit zu geben. Klarheit bedeutete
auch: keine leeren Versprechungen zu machen. Wir hielten es
für das Gebot der Stunde, jedem offen zu sagen, wie der Stand
der Dinge ist. Und zu kommunizieren, wo uns Klarheit nicht gegeben war. Auf viele der neuen Fragen hatten selbst Virologen,
Wirtschaftsweise oder die Bundesregierung keine Antwort, da es
bisher keine Erfahrungen gab mit einer derartig flächendecken-
den Pandemie.

In unseren Zoom-Konferenzen haben wir auch über Zahlen
gesprochen: Umfang und Auswirkungen der Umsatzeinbrüche,
Finanzierungsbedarf zur Überbrückung des Lockdowns, wo bekommen wir Unterstützung her und wie gehen wir mit den
Hilfsgeldern der Bundesregierung um. Tatsächlich waren wir die
ersten Monate auf uns alleine gestellt. Aber dank unseres Kassen-
sturzes wussten wir, dass wir das stemmen konnten. Viele traf die
Kurzarbeit hart. Junge Familien, die gerade gebaut hatten, wo
ein Mitverdiener wegen Krankheit ausfiel oder der Mann gerade
in der Umschulung war. Ich habe versucht, mich in die Lage der
Menschen zu versetzen, die diese harten Einschnitte, die mög-

licherweise sogar existenzbedrohend waren, hinnehmen mussten. Um mit gutem Beispiel voranzugehen, habe ich mich an der Kurzarbeit beteiligt und mein Gehalt prozentual auf die Höhe reduziert, wie all diejenigen es erfahren hatten, deren Arbeitseinsatz auf null gesetzt wurde. Die Direktoren zogen nach. Wir teilten also mit, dass auch die Chefs wie alle anderen in Kurzarbeit gehen und ihre Gehälter auf 67 Prozent Kurzarbeitergeld kürzen würden. Alle sollten wissen: Wir sitzen mit euch im selben Boot. In Härtefällen halfen wir: Geriet beispielsweise eine alleinerziehende Mutter mit einem geringen Gehalt in Not, stockten wir das Kurzarbeitergeld auf das ursprüngliche Gehalt auf. Wir sagten auch ehrlich, dass eine solche Unterstützung nicht durchgehend und nicht bei vielen, sondern nur in dringenden Einzelfällen möglich sein würde, die wir genau prüfen müssten. Das war vielfach hart und tat weh.

Und es gab Fälle, da musste ich mich zwischen dem Gemeinwohl im Unternehmen, von dem so viele Menschen abhängig waren, und dem Wohl des Einzelnen entscheiden. Manchmal war das bitter, aber das Gemeinwohl geht immer vor dem Individualwohl. Die wirtschaftliche Aufrechterhaltung des Gesamtbetriebs war im Interesse aller Beteiligten und stand an allererster Stelle. Ich versuchte zu vermitteln, dass für die Zeit des Umsatzverlusts und der Einschränkungen die Wirtschaftlichkeit zum Sinn unseres Handelns werden würde. Das bedeutete nichts anderes als die vorübergehende Umkehrung eines unserer wichtigsten Unternehmensgrundsätze, die wir Upstalsboomer Sinnthesen nennen und im Jahr 2017 als Ergänzung zu unserem Wertebaum gemeinsam erarbeitet hatten. Plötzlich hatte die Wirtschaftlichkeit wieder Vorrang. Schiffbrüchige, die im Rettungsboot sitzen, müssen sich zunächst der Sicherheit des Boots widmen, im Interesse aller – Einzelinteressen treten dahinter zurück, weil sonst alle wegen einer Person untergehen. Die Umkehrung unseres Grundsatzes war eine der härtesten Prüfungen in der Krise, denn nicht wenige hatten Angst davor, dass wir wieder in alte Muster verfallen könnten. Wir konnten jedoch nur mit dem arbeiten, was vorhanden war – und was vorhanden war, mussten wir auf einen möglichst langen Zeitraum strecken, da überhaupt nicht absehbar war, wann die Krise enden würde. Es würde für jeden zu starken Einschränkungen und Belastungen kommen, je nach Dauer. Aber noch war es nicht so weit. Im Gegenteil: Aus meiner Sicht taten wir alles Menschenmögliche, um unseren Ansprüchen gemäß dem Upstalsboom-Weg gerecht zu werden. Dennoch gerieten wir immer wieder mal in diesen Zwiespalt, allen helfen zu wollen – und nicht jedem helfen zu können, so wie wir das selbst gerne getan hätten.

Wir haben unsere Mitarbeiter nicht von Woche zu Woche vertröstet, sondern von Anfang an eine klare Ansage gemacht, dass wir uns über einen längeren Zeitraum – vermutlich über Monate – in dieser Krise einrichten müssten. Und dass es genau deshalb darauf ankomme, dass jeder Einzelne sein Bestes gibt, egal wie groß oder klein sein Beitrag zum Gelingen sein würde. Wir versuchten zu vermitteln, dass wir uns auch im Unternehmen auf eine lange Durststrecke einstellen und mit unseren Mitteln streng haushalten müssten, um sofort durchstarten zu können, wenn es nach dem Ende des Lockdowns wieder losgehen würde. Keine leeren Versprechungen. Kein Wünschen. Träumen. Sondern Fakten.

Klarheit ist meist zunächst sehr schmerzhaft, weil sie uns aus der Bequemlichkeit herauszerrt, Illusionen nimmt, zum Handeln zwingt und nicht auf ein Aussitzen baut. Andererseits zwingt sie auch dazu, sich mit der Situation zu befassen und Lösungen zu suchen. Klarheit löste eine große Eigenverantwortung aus, man will selbst aktiv werden und Lösungen suchen. So wie bei Steffi, einer Mitarbeiterin aus unserem Hotel in Varel, von deren Einkommen die ganze Familie abhing (der Mann machte gerade eine Umschulung). Sie schrieb mir, zunächst hätte sie sich geärgert, ja, sie sei sogar wütend gewesen, dann aber doch froh, weil sie ohne diese schonungslose Klarheit gezögert hätte, selbst nach Lösungen zu suchen. Als Erstes habe sie die n-tv-Nachrichten-App gelöscht, um nicht im Minutentakt mit neuen Hiobsbotschaften aus aller Welt überflutet und belastet zu werden. Dann ging sie auf Jobsuche. Sie nahm einen Zweitjob als Kassiererin an und konnte so einen Teil der Einkommensverluste durch die Kurzarbeit wieder wettmachen und ihre Familie vor einer Notlage retten. Heldinnen der Krise. Nicht einfach. Aber eine wichtige Einstellung in Krisen: sofort eigenverantwortlich handeln, statt abwarten und mit Umständen hadern, die wir eh nicht ändern können.

Aber auch in diesen Prozessen haben wir unsere Mitarbeiter nicht alleingelassen. Wir waren der Überzeugung, dass es nicht ausreicht, nur zu behaupten »Wir schaffen das!«, wir mussten auch Belege liefern für das »Wie«. Wir beließen es nicht bei den Ankündigungen. Wir entwickelten umgehend eine Art Sorgentelefon, boten uns als Anlaufstelle für alle Lebensfragen an. Zusätzlich sammelten wir sämtliche Informationen aus den Standorten ein und verfassten Informationsblätter, die FAQ für den Umgang mit Behörden und allen Aspekten der Existenzsicherung. Zum Beispiel, ob trotz Kurzarbeitergeld Nebenjobs erlaubt sein würden. Gerade im Niedriglohnbereich waren solche Fragen wichtig. Ergebnis: Bis zur Höhe des ursprünglichen Nettolohns war ein Hinzuverdienst erlaubt.

Um die Teams in den Hotels auch finanziell stärker zu unterstützen, riefen wir Webinare ins Leben, in die sich Interessierte gegen ein freiwilliges Trinkgeld einbuchen konnten. Die erhaltenen Gelder haben wir an die Teams durchgereicht, die sich als Gesprächspartner zur Verfügung gestellt hatten. Meine Frau Claudia ist Ärztin und bot an, sich zwei- bis dreimal die Woche vor allem den weiblichen Mitarbeitern als »Kummerkasten« für vertrauliche Gespräche zur Verfügung zu stellen. Hier konnte jeder Unterstützung abrufen bei psychischen oder gesundheitlichen Themen, bei allem, was Familie, Ehe und Kinder belastete und nicht durch die offizielle Beratung ausgeräumt werden konnte. Wir waren uns auch der Tatsache gewahr, dass mit der Isolation und der bedrohlichen Lage sich in den Medien die Nachrichten über häusliche Gewalt mehrten. Auch hier wollten wir zur Stelle sein, bevor ein Unglück geschah.

Wir sendeten jeden Tag die Botschaft aus, wenn wir alle zusammenhalten, uns nicht trennen und nicht gegeneinander aufbringen lassen, werden wir diese Krise relativ unbeschadet überstehen. Wir gaben damit das höchste Gut aus, das es in einem Unternehmen gibt: Vertrauen. Wir taten das angesichts der noch bestehenden Rücklagen aus einer positiven Grundhaltung heraus – mit dem Wunsch, Optimismus und Zuversicht zu vermitteln, dass wir diese Krise gemeinsam meistern können. Immer unter einer Prämisse, die als Wert über allem steht: Es wird auf Basis von Fakten lösungsorientiert diskutiert – und nicht auf einer von Vermutungen, Ängsten, Schuldzuweisungen und Gerüchten.

Wir verwendeten sehr viel Zeit darauf, den Mitarbeitern zu vermitteln, dass sie nicht alleine sind und dass wir in allen Lebensbereichen dazu bereit sind, Hilfestellung zu leisten und keinen zurückzulassen. Immer wieder fragten wir in den Podcasts und Zoom-Ansprachen in die Runde, ob es irgendetwas gäbe, ob jemandem etwas auf dem Herzen liege und was wir tun könnten, damit es den Mitarbeitern und ihren Familien besser geht in dieser besonderen Zeit. Wir haben uns wirklich angestrengt, jedem Halt anzubieten und zu zeigen, wie sehr wir bemüht waren, ein Auseinanderdriften unserer Teams zu verhindern. Was uns positiv zurückgemeldet wurde, war unsere Klarheit – dass wir nichts schöngeredet und konkret gezeigt hätten, dass wir Lösungen erzielen und Fortschritte machen wollten. Unser Motto: »Hauptsache, die Richtung stimmt.«

Gegenseitige Fürsorge

Alle wichtigen Informationen wurden an den einzelnen Standorten durch zahlreiche Eigeninitiativen und Vernetzungen untereinander unterstützt. Maria, jene Hoteldirektorin in Kühlungsborn, berichtete, sie habe sich immer sonntags Zeit genommen, um in einem Tagebuch zu dokumentieren, was ihr in der Woche über besonders wichtig erschienen sei. Die Einträge erläuterten, was anstand, erklärten nötige Änderungen in den Abläufen, regten zum Nachdenken und zur Beteiligung bei Projekten oder Investitionsvorhaben an, die sich in den Teams entwickelt hatten, und gaben nützliche Tipps der Mitarbeiter weiter. Das Tagebuch hatte bewusst keine wiederkehrende Struktur. Es war eine Art Litfaßsäule für den spontanen, gegenseitigen Informationsaustausch. Zusätzlich wurde es noch wie eine Zeitung ausgedruckt und ausgelegt an allen für die Mitarbeiter wichtigen Stellen, in den Aufenthaltsräumen oder in der Kantine.

Bald stellte Maria aber fest, dass die digitalen Abrufe einen immer größeren Anteil einnahmen. Ähnliche Beobachtungen gab es überall im Unternehmen: In der Nutzung der digitalen Medien war etwas im Umbruch. Die Pandemie würde noch zu einem Booster unserer Digitalisierung werden. Wir verbreiteten in der Folge sämtliche Informationen, die wir bei unseren Recherchen bei Ämtern und Regierungsstellen erfuhren, sofort ebenfalls über unseren Podcast, unser Intranet oder WhatsApp. Umgekehrt erreichten uns auch viele Hinweise über zusätzliche Unterstützungsprogramme, die Mitarbeiter mit ihren Kollegen teilten wollten.

Die Vernetzung war enorm. Über unseren Treasurer, unseren »Finanzminister« Carsten, bauten wir zusätzlich noch einen Beratungsservice für den Umgang mit Behörden, Banken und Vermietern auf. Wir setzten Korrespondenzen auf und stellten Musterbriefe für Miet- und Zinsstundungen zur Verfügung. Mehrere im Team machten das Angebot, dass man sie in besonderen Notfällen direkt und persönlich kontaktieren könne. Persönlicher Beistand bei heiklen Gesprächen mit Gläubigern, Banken, Kreditgebern, Ämtern, dem Vermieter oder bei der Agentur für Arbeit, wenn es um die Grundsicherung ging, waren selbstverständlich. Reichte der Anruf des Geschäftsführers nicht aus, zogen wir sogar externe Fachexperten hinzu.

Es macht sich kaum jemand eine Vorstellung davon, wie schnell selbst solide Familien in der Krise finanziell in Schräglage kommen. Weil sie ein Haus gebaut haben und durch die Kurzarbeit plötzlich die Hypotheken nicht mehr bedienen können. Wir haben gelernt, dankbar zu sein, dass es in unserem Staat soziale Sicherungssysteme gibt, damit solche Familien nicht ins Bodenlose fallen – und wie sehr Unterstützung guttut. Genauso wichtig war es in den folgenden Wochen und Monaten, immer wieder darüber zu informieren, wie wir vorankamen und wo wir Lösungen gefunden hatten. Zuversicht zu vermitteln, Ruhe auszustrahlen – und dennoch mitzuteilen, wie ernst die Lage für unser Unternehmen sei und wo es weiterhin klemmt.

Transparente firmeninterne Informationen, zusätzliche Bereitstellung von Hilfen in Notfällen, Unterstützung bei der privaten Bewältigung der Krisenfolgen, umfassende rechtliche Aufklärung im Umgang mit Behörden, Vermietern und Banken, die zeitnahe Erreichbarkeit und Offenheit von Vorgesetzten, insgesamt alles, was die Förderung des Zusammenhalts und des Zugehörigkeitsgefühls betraf, war für uns essenziell in der Bewältigung dieser Krise. Uns ging es darum, die Menschen im Unternehmen und ihre Angehörigen möglichst umfassend zu beteiligen an dem, was uns bewegte – und ihnen Teilhabe zu ermöglichen, damit sie mit ändern konnten, was uns gemeinsam bewegte. Ohne Durchhalteparolen, ohne eine falsche Sicherheit vorzugaukeln, die zum damaligen Zeitpunkt auch nicht da gewesen war. Nur so konnten wir der Entwicklung von Gerüchten und Falschmeldungen, von Unruhe und Verunsicherung einiges entgegensetzen.

Die gegenseitige Fürsorge hatte aber nicht nur unser Zusammengehörigkeitsgefühl gestärkt, sondern auch bei vielen die Bereitschaft bestärkt, eigenständig Verantwortung zu übernehmen und alle Maßnahmen zur Bestandssicherung zu unterstützen. Wir bekamen tolle Rückmeldungen aus dem Team, wie gut sich die meisten abgeholt und eingebunden fühlten. Und das war auch eine wichtige Erfahrung: Nicht nur, wenn du Menschen informierst, sondern ganz besonders auch dann, wenn du ihnen die Möglichkeit gibst, selbst aktiv an der Krisenbewältigung mitzuwirken, nimmst du ihnen einen großen Teil der Angst. Denn etwas auszuhalten ist manchmal anstrengender, als etwas tun zu können.

Wir haben die Informationswege verkürzt, die Strukturen gestrafft, ein nie da gewesenes Niveau an Beteiligung geschaffen, Überflüssiges über Bord geworfen. Darüber sind wir in unserer Wertegemeinschaft fokussierter als je zuvor geworden. Wir erlebten in und durch die Krise trotz aller Besorgnisse einerseits eine erstaunliche Ruhe, andererseits eine hohe Konzentration, um die Grundlage unser aller Existenz zu sichern. Das Zusammengehörigkeitsgefühl wuchs enorm, weil uns jeder Tag neue Fragen stellte, auf die wir nur gemeinsam Antworten finden konnten. Und das taten wir. Und genau deshalb war es mir wichtig, für Transparenz zu sorgen bei allen Entscheidungen – und alles zu vermeiden, was den Informationsfluss beeinträchtigen würde. Jeder Mitarbeiter – egal in welcher Aufgabe und in welchem Bereich – wurde aufgerufen, Ideen, Impulse, Fragen einzubringen und mich notfalls persönlich zu kontaktieren. Mein Versprechen war: ich würde antworten.

Bomben & Banken

Anders als wie bei meinem Eintrag in mein schwarzes Büchlein erhofft, waren die größten Flaschenhälse die Banken, die ebenso wie wir mit der Situation überfordert schienen. Von jetzt auf gleich hatten sie sich einer gesamtgesellschaftlichen Aufgabe zu stellen, ihre Kunden irgendwie zahlungsfähig zu halten. Einige taten sich damit extrem schwer. Ich erinnere mich noch gut an ein Telefonat mit einem Bankmitarbeiter. Seine Schilderungen schufen vor meinem inneren Auge Bilder wie in der Notaufnahme eines Krankenhauses. Das war Triage wie im Katastrophenfall. Vor lauter Andrang hatte auch für unsere Anfrage bisher niemand wirklich Zeit gefunden, »weil hier gerade viel dringendere Notfälle auflaufen, als Sie es sind«, teilte man mir mit, als ich mich Wochen nach dem Antrag nach dem Stand der Bearbeitung erkundigen wollte. »Gut«, sagte ich, »dann melde ich mich in zwei Wochen wieder – aber dann bekomme ich eine feste Terminzusage.«

Und so geschah es. Doch trotz unserer bisher soliden Haushaltsführung erlebten wir Enttäuschungen. Wie zum Beispiel mit einer Bank, bei der wir trotz bester Bewertungen und optimaler Darstellung unserer Finanzen auf große Zurückhaltung mit unserer Kreditanfrage stießen. Wir hatten dadurch auf unserem Weg zur Sicherung der mittelfristigen Liquidität einen ersten Rückschlag erlitten – und das, bevor wir richtig losgegangen waren. Der Tag begann damit, dass ich eine briefliche Ablehnung hinsichtlich der Finanzierung eines Schnellkredits in meiner Mappe vorfand. Die Finanzierung wurde mit dem Hinweis verweigert, dass man diese derzeit »aus geschäftspolitischen Gründen«, wie man uns zu verstehen gab, nicht unterstützen werde. Da hatten wir eine Finanzierungsanfrage gestartet, die von uns doppelt und dreifach abgesichert war, und der Bank fiel nichts Besseres ein, als uns mit dieser Begründung abzuledern. Hier standen vorgeschobene geschäftspolitische Interessen im krassen Gegensatz zur Sicherung unserer Existenz. Die Absage schien trotz mehrfacher Gespräche endgültig, und ich fühlte mich ohnmächtig. Unter normalen Umständen hätten wir mit unseren Sicherheiten »alles Geld der Welt« bekommen. Und nun?

Die Folgen schienen drastisch: Dann sollten wir also aus »geschäftspolitischen Gründen« Insolvenz anmelden, was auch eine Vielzahl weiterer Partner mit in die Tiefe gerissen hätte? Ganz zu schweigen von unseren Mitarbeitern. Was machst du in so einer Situation? Der Druck, der durch die schlechte Nachricht an diesem Morgen entstand, war unglaublich, und ich spürte, wie sich ein Gefühlscocktail aus Resignation, Wut, Fassungslosigkeit und Ohnmacht in mir zusammenbraute. »Das können die doch nicht machen, haben die denn noch alle Tassen im Schrank? Was stimmt mit denen nicht? Die sind verrückt.« Ich sah meinen Vater vor mir, in einem Moment, als auch er auf die Banken schimpfte: »Wenn die Sonne scheint, verteilen die Banken Regenschirme, doch wenn es regnet, sammeln sie sie wieder ein.« Dann tauchte in mir ein Bild auf, ich als junger Student, der vor dem Bankautomaten stand und mal wieder kein Geld bekam, weil das Konto im Minus war. Ich erinnerte mich auch an unzählige sehr unangenehme Gespräche mit einem Firmenkundenberater, der mir während meiner Selbstständigkeit so häufig das Gefühl gab, von seiner Willkür, oder vielleicht auch der Angst, die er in mir auslöste, abhängig zu sein. Und jetzt wieder, nach so vielen erfolgreichen Jahren dieselbe Situation. Wieso verstecken sich diese Marionetten eigentlich immer hinter ihren Vorständen und Richtlinien? Hatte denn niemand von denen einen Arsch in der Hose? Weiß überhaupt jemand von denen, was Verantwortung für über 700 Mitarbeiter bedeutet?

Meine Gedanken nahmen Fahrt auf, als ich, mit dieser Nachricht konfrontiert, überhaupt keinen Ausweg mehr aus dieser Situation sah, da die Wut meine Augen für alternative Lösungsansätze verschloss. Um wieder einen klaren Blick auf die Dinge zu bekommen, ging ich auf die Terrasse unseres als Krisenbüro eingerichteten Besprechungszimmers und schaute auf die Emder Wallanlagen, die selbst Zeugen vieler Krisen, Pandemien und Kriege waren. Noch heute ist die Altstadt, an deren Grenze sich unser Bürogebäude befindet, umschlossen von den alten Anlagen, welche die Stadt im Dreißigjährigen Krieg vor Angriffen schützen sollten. Heute ist der Weg um die Stadt auf den von uralten Bäumen gesäumten Wällen ein idyllischer Spazierweg. Früher haben die Wälle die Einwohner Emdens bei Belagerungen vor Brandschatzung und Plünderung, aber auch vor Epidemien bewahrt. Dann blieben die Tore geschlossen. Lockdown. Diese Nähe zu Krieg, Krisen und Not erkennt man an vielen Ecken dieser alten Hafenstadt.

Emden ist trotz seiner heutigen Idylle mancherorts immer noch ein mahnendes Sinnbild für Krisen, für Tod und völlige Vernichtung – aber auch Wiederauferstehung aus Ruinen. Eine Stadt, die wie kaum eine andere vom Zweiten Weltkrieg geprägt wurde. Emden lag in der Ein- und Rückflugschneise der das Ruhrgebiet angreifenden Bomberflotten der Alliierten und war wegen seines Hafens und der dort stationierten Marineeinheiten selbst strategisches Ziel von Luftangriffen. Kehrten die Bomber zurück und klemmten noch Bomben in den Schächten, so wurden sie bevorzugt über Emden abgeworfen, um die Landung auf dem Heimatflughafen in England nicht zu gefährden. Die Stadt befand sich wegen ihrer Nähe zu Großbritannien im Daueralarm. In einem damaligen Lagebericht der Stadtverwaltung, der heute in unserem Stadtmuseum hängt, heißt es: »… vom 1. September 1939 bis 31. Dezember 1941 betrug die Zahl der Fliegeralarme 540. Im Schnitt täglich einer. Davon zur Nachtzeit 464, zur Tagzeit 76. Bei einer Durchschnittsdauer der Angriffe von 2.3 Stunden bei einer Höchstdauer von 5 Stunden und 37 Minuten.«

Als Höchstzahl während einer einzigen Nacht sind sechs Angriffe dokumentiert. Ziel waren nicht nur Hafenanlagen und Gebäude, sondern es ging auch darum, die Bevölkerung zu zermürben. Niemand sollte ruhig durchschlafen in Emden. In den Nächten war, selbst wenn keine Bomben fielen, zwei- bis dreimal Fliegeralarm mit nervenzerfetzendem Sirengeheule und angsterfülltem Ausharren in den mehrstöckigen Hochbunkern, die heute noch wie faule Zähne überall aus dem Stadtbild ragen. Diese gigantischen Hochbunker waren das Einzige, was bei Kriegsende von der historischen Bebauung im Stadtzentrum übrig blieb.

Ich erinnerte mich an die Mitarbeiteransprache, in der ich von Krieg wie auch von Bunkern gesprochen hatte. Und ich erinnerte mich daran, dass ich sagte, dass wir uns in den Bunkern zurückziehen, aushalten und wiederaufbauen müssten, was überdauert hätte. Aber was war diese Krise denn im Verhältnis zu der Generation, die in ihrem Leben zwei Weltkriege, eine Wirtschaftskrise, Massenarbeitslosigkeit, Inflationen, Hungersnöte, Gefangenschaft und Wiederaufbau überstehen musste? Worüber beklage ich mich?, dachte ich. Ich gehöre zu der privilegierten Generation, die weder Krieg noch sonst irgendetwas Furchtbares miterleben musste. Das, was die Pandemie mit sich brachte, schien bisher nicht ansatzweise der grausamen Realität zu entsprechen, die Menschen in der ersten Hälfte des letzten Jahrhunderts erfahren hatten.

Die frische Luft und der Blick auf die Wallanlagen taten mir gut, holten mich runter und gaben mir meine geistige Lufthoheit zurück. Ich ging wieder hinein, setzte mich auf einen der gemütlichen Konferenzstühle und ließ meine Gedanken an den Krieg und seine Bunker mit einem Satz enden, über den ich schon viel nachgedacht hatte und den ich von einem für mich sehr wichtigen Wegweiser im Leben, dem österreichischen Neurologen und Psychiater Viktor Frankl, in einem seiner Bücher aufgeschnappt habe: »Oft sind es erst die Ruinen, die den Blick auf den Himmel freigeben.«

Ich begann nun tief und ruhig zu atmen und fand darüber einen guten Weg, in mich hineinzuhorchen: Wut und Fassungslosigkeit waren verflogen, aber die Ohnmacht spürte ich nach wie vor. Um auch ihrer Herr zu werden, wandte ich eine Übung an, die ich von dem Münsteraner Psychologieprofessor Julius Kuhl übernommen habe. Die Übung nennt sich Somatogramm, und mit ihr versuchte ich herauszufinden, wo in meinem Körper das Gefühl der Ohnmacht entstand, wie sie sich breitmachte, wie sie sich anfühlte. Ich fokussierte mich auf das Gefühl an sich, ohne Bewertung, und durfte erleben, wie es sich unter Beobachtung meines inneren Auges wieder zurück in die Katakomben meines Selbst zurückzog. Es wurde still.

Zwischen Hoffnung und Zweifel

Was ist das Sinnvollste, was du in dieser Situation machen kannst? Welche Möglichkeiten bleiben dir? Und welche Möglichkeit ist es wert, daraus Wirklichkeit werden zu lassen? Was wird mir durch diese Ablehnung möglich? Unklug wäre es, mit dem betreffenden Bankangestellten zu streiten. Ihn zu beschimpfen. Dann wären die Türen endgültig verschlossen. Damit würde niemandem geholfen sein. Ich sprang also über meinen emotionalen Schatten und entschied mich, den Bankmitarbeiter nochmals zu kontaktieren, um herauszufinden, welche Alternativen es denn zu unserer Anfrage gibt. Welche Handlungsweisen von der aktuellen Geschäftspolitik unterstützt werden? Wie könnte eine für beide Seiten tragbare Lösung aussehen?

Tatsächlich habe ich durch diese Nachfrage auch ansatzweise verstanden, wie sich die Situation aus Sicht der Banken darstellt, aber etwas zum wirklichen Anfassen bekam ich nicht. Nichts

Klares, was mir aufzeigte, wie wir in absehbarer Zeit an die für uns zum wirtschaftlichen Überleben erforderliche Liquidität gelangen könnten. Wir hatten errechnet, dass unsere monetären Bordmittel ungefähr bis Juli reichen müssten. Ohne Kurzarbeitergeld. Doch das musste auch erst beantragt, genehmigt und ausgezahlt werden, und ich versuchte mir nur ansatzweise vorzustellen, was für Szenen sich gerade in den Agenturen für Arbeit abspielten. Den Mitarbeitern ging es wohl kaum besser als denen in den Banken. Mir wurde bewusst, dass wir gerade sehr wenig Einfluss darauf hatten, ob und wenn ja, wann wir mit einer wirksamen Unterstützung rechnen konnten. Und das bedeutete, dass wir in der Klärung existenzieller Themen die Kontrolle verloren hatten. Und nun ging es darum, nicht auch noch die Nerven zu verlieren.

Als ich an diesem Abend nach Hause ging, lag ein aufwühlender Nachmittag hinter mir. Auf der einen Seite glaubte ich noch immer, dass alles gut werden würde, auf der anderen Seite erschien mir alles so surreal und unberechenbar, dass sich zu dieser latenten Hoffnung auch Zweifel und Ohnmacht mischten. Meine Gefühle führten mich für einen Moment wieder zurück in meine Vergangenheit. Während der Entführung hatte ich auch diese Ohnmacht erfahren. Auch damals hatte ich nichts unter Kontrolle, noch nicht einmal den Zeitpunkt, an dem ich mit vorgehaltener Pistole meine Notdurft verrichten durfte. Aber ich erinnerte mich auch daran, dass diese Ohnmacht ihre Kraft verlor, als ich damit aufgehört hatte, mich gegen diese Situation innerlich aufzulehnen. In dem Moment, wo ich mich mit dem Kontrollverlust »angefreundet«, mich der Situation hingegeben hatte, verflüchtigte sich nach und nach meine Anspannung. Vielleicht war das auch jetzt einen Versuch wert.

7 Ora et labora

Die Streichholzschachtel

Der nächste Morgen begann wie immer um 4:15 Uhr, und ich hatte keine gute Nacht hinter mir. Meine Gedanken an die Entführung auf dem Heimweg hatten mir zunächst Abstand zu dem durchaus schwierigen Nachmittag ermöglicht. Nachdem ich dann zu Hause angekommen war, aßen wir gemeinsam zu Abend. Die Kinder waren ganz schön lebendig, und Claudia berichtete mir, dass dieser Lockdown im Umgang mit ihnen eine enorme Umstellung mit sich bringen und ihr Zeit für andere Dinge, aber auch für sich fehlen würde. Ohne etwas zu sagen, ging ich in unser Arbeitszimmer, holte eine meiner Streichholzschachteln mit den abgebrannten Hölzern und legte sie ihr auf den Tisch. Meine Frau schaute mich fragend an, doch ich bat sie, die Schachtel zu öffnen und in sie hineinzusehen. Claudia nahm die Schachtel, öffnete sie, betrachtete die abgebrannten Hölzer und fragte: »Was soll das?«

Ich nahm sie in den Arm und erklärte ihr, dass sich in dieser Schachtel tausend Minuten Zeit für sich befinden. Ihre Fragezeichen in den Augen wurden noch größer. »Ja«, sagte ich, »jedes dieser Streichhölzer steht für fünfundzwanzig Minuten Stille und Zeit für sich.« Jedes Mal, wenn ich meditiere, entzünde ich ein Streichholz und stecke damit die Kerze an. Und damit beginnen fünfundzwanzig Minuten in Stille.« Zeit für sich. Ein wunderbares Geschenk. Und während Claudia noch am Schmunzeln war, packte ich die Kinder ein, um mit ihnen draußen zu spielen und Claudia ihren Raum zu geben.

Es war unglaublich schön zu beobachten, wie unbeeindruckt sie von den sich überschlagenden Ereignissen herumtobten, und ganz besonders war es die Sorglosigkeit, die mich in ihren Bann zog. Als ich sie eine Weile betrachtet hatte, fragte ich mich, ob sie sich dieser Sorglosigkeit bewusst sind. Oder war ich es nur, der das so wahrnahm und das auch nur deshalb, weil ich besorgt war? Sind wir Menschen in der Lage, es zu schätzen, wenn es uns gut geht, wenn wir gesund sind oder glücklich? Oder braucht es erst die Sorge, die Krankheit oder das Unglück, um für das Gute wirklich dankbar sein zu können? Irgendwie beschlich mich im Kreise unserer unbeschwert spielenden Kinder das Gefühl, dass eine Krise ein besonderer Fingerzeig auf das ist, was wir wertschätzen sollten, es aber doch so selten tun. Und nun drohte sie uns, genau das zu nehmen. Ehe ich mich versah, hatten mich meine kummervollen Gedanken wieder fest im Griff und entführten mich in eine unruhige Nacht.

Am nächsten Morgen, einem Freitag, wurde mir während meines Morgenrituals besonders bewusst, wie gut mir die Zeit für mich, die Zeit in Stille tat. Mein Zendo war meine selbst gebaute Höhle, verbunden mit dem Gefühl der Geborgenheit. In meiner Höhle hatte ich alles unter Kontrolle gehabt, in meiner Höhle war die Welt in Ordnung gewesen, egal was um sie herum passierte. Vielleicht lag darin ja eine Lösung für die kom-

menden Tage. In dem Gespräch mit dem Bankmitarbeiter war
schonungslos deutlich geworden, dass ich da »draußen« gerade
eher wenig unter Kontrolle hatte. Und das kostete viel Energie.
Andererseits: Der Lockdown brachte etwas mit sich, was mir im
vorherigen Alltag gefehlt hatte. Und das war die Chance für eine
sehr klare, aber vor allem durchgängige Tagesstruktur.

Pausen bestimmen den Tag

Mit dem Lockdown und den damit einhergehenden Einschränkungen entstand ein fester Rahmen, wie ich ihn aus dem Kloster kannte. Im Kloster bestand ein ausgewogenes Verhältnis
zwischen Reflexion und Aktion, was meine mentale Stabilität
spürbar unterstützt hatte, es ließ mich das »ora et labora« prak-
tisch erfahren. Die Tagesordnung spiegelte dieses Prinzip wider,
in dem nicht nur Gebet und Arbeit, sondern auch das Verhältnis
von Einsamkeit und Gemeinschaft, Schweigen und Reden seinen festen Platz hatte. Das Wohltuendste im Kloster war, dass die
Pausen und nicht meine Termine den Tag strukturierten. Dort
konnte ich erleben, wie energiespendend es ist, wenn ich nicht
von Termin zu Termin hetze. Den Pausen ist laut der Regel des
heiligen Benedikt nichts vorzuziehen. Das hieß: Egal womit ich
mich gerade beschäftigte, riefen die Glocken zum Gottesdienst,
machte ich mich auf den Weg in die Stille. Immer wieder habe
ich seither erfahren, dass ich in meiner Kraft geblieben bin, wenn
ich meine Terminplanung an meinen Pausen und Zeiten in der
Stille ausgerichtet hatte. In dem Moment, wo ich diese »Ter-
mingesetze« gebrochen habe, geriet ich in einen Kreislauf der

Fremdbestimmung, der mein Energielevel immer weiter heruntergezogen hat.

Klarheit, Sicherheit und Stabilität manifestierten sich in einer Tagesstruktur, die durch Pausen bestimmt wurde. Und bei aller und vor allem immer wiederkehrenden Unklarheit und Unsicherheit, die diese Pandemie mit sich brachte, gab es jedoch auch eines: Eine Regierung, die uns dazu aufforderte, zu Hause zu bleiben, nicht zu reisen und so wenig Menschen wie möglich zu treffen. In dieser Bitte offenbarten sich die besagten Zeitgeschenke, die mir aufgrund fehlender Auswärtstermine nun in den Schoß fielen und ein Leben mit einer festen Tagesstruktur erleichterten.

Schon in den ersten Tagen hatte sich bei uns im Krisenstab eine Terminstruktur entwickelt, die – in Verbindung mit meinem Morgenritual – ein ermutigendes Gesamtbild schuf. Wir einigten uns auf folgende Tagestermine: 9:00 Uhr Corona-Jam mit dem Krisenstab, 14:30 Uhr Corona-News für alle Mitarbeiter und um 16:00 Uhr wieder einen Corona-Jam. Die Zwischenzeit nutzten wir, um die aus den Jams entstandenen Fragestellungen und Aufgaben zu lösen. Auswärtstermine gab es keine, und so entschloss ich mich, mein Morgenritual um eine weitere Meditation im Lauf des Tages zu erweitern. 12:30 Uhr sollte von nun an täglich die Zeit werden, in der ich zum zweiten Mal am Tag für zwanzig Minuten in die Stille ging. Und somit schenkte mir der Lockdown bei aller Unsicherheit noch weitere zwanzig Minuten, in denen ich mich selbstbestimmt fühlte und alles unter Kontrolle hatte. Wie damals als Kind.

In meinem schwarzen Büchlein fanden sich an diesem Freitag folgende Aufzeichnungen (Auszug):

1. Ich bin dankbar für … die Klarheit, die Claudia im Umgang mit der Corona-Krise hat. Ich bin dankbar für … die Kinder, die gestern so schön gemeinsam gespielt haben. Ich bin dankbar für … die starke Gemeinschaft unter uns Upstalsboomern.
2. Heute werde ich die Chancen nutzen, mich selbst und andere zu ermutigen. Ich werde dem Team weitere Unterstützung anbieten, weitere Möglichkeiten zur Zukunftssicherung finden.
3. Heute werde ich klar, besonnen, zuversichtlich und ermutigend sein.
4. Der gute Geist: »Annehmen, was ist.«

8 You never walk alone

Karma-Schelle

An diesem Morgen machte ich mich mit dem Fahrrad auf den Weg ins Büro, fuhr über den Deich und den Stadtwall in Richtung Zentrale, ließ mich vom Wind durchpusten und dachte über die Wurzeln der gefühlt starken Gemeinschaft unter den Upstalsboomern während des Lockdowns nach. Entgegen meines Ziels führte mich meine gedankliche Reise ein Stück weit zurück in unsere Vergangenheit. Schon sehr früh, nach unserem unternehmerischen Kurswechsel 2010, machte ich die Erfahrung, dass ich in dem Moment, wo ich andere stärke, auch mich selbst stärke. Damals arbeitete ich sämtliche im Kloster gemachten Erfahrungen auf und gab sie auf die gleiche Art und Weise im Unternehmen weiter, wie ich sie selbst im Kloster erlebt hatte. Was anschließend daraus mit unseren Mitarbeitern entstand, schenkte mir unglaublich wertvolle Momente und Impulse. Ich lernte damals, dass ich durch die Begegnung mit anderen Menschen wachse, allerdings nur, wenn ich etwas von mir bedingungslos und ohne Erwartungen an den anderen in die Beziehung einbringe. Wenn ich nur etwas gebe, weil ich selbst etwas brauche, kann ich nur enttäuscht werden.

In einer die Beziehung stärkenden Begegnung geht es entweder darum, eine Erwartung klar zu formulieren, sie auszusprechen und mit meinem Gegenüber eine verbindliche »Vereinbarung« zu treffen, oder sie aber in Hoffnung zu wandeln. Die nicht ausgesprochene Erwartung ist wie eine Vereinbarung, von der allerdings mein Gegenüber nichts weiß, und das kann nur schiefgehen. Denn auch in der unausgesprochenen Erwartung schwingt immer eine Bedingung mit, dass ich etwas bekomme für das, was ich tue. Nur in dem Fall weiß der andere nichts davon. Und dann entsteht häufig diese Enttäuschung, weil ich mich so sehr auf das fixiert habe, worauf ich warte, was ich erwarte.

Was dieses Wandeln wirklich bedeutet, wurde mir durch meine sporadischen Begegnungen mit Pater Jesaja im Gästehaus des Benediktinerklosters in Münsterschwarzach bewusst. Vor Jahren begegnete ich ihm zum ersten Mal im Frühstücksraum. Während er von Tisch zu Tisch ging, sich danach erkundigte, wie es den Hausgästen erging, lud er sie in dem Gespräch auch zu einem Morgenritual ein. Das bestand darin, sich vorzustellen, wie sie die Sonne in ihrem Herzen aufgehen lassen. So kam er damals auch zu mir, und auch ich versuchte mir vorzustellen, wie sich das anfühlt, wenn in meinem Herzen die Sonne in einer Morgendämmerung aufgeht und mich ihr wärmendes Licht nach und nach erfasst.

Wie jedes Jahr war ich dann auch Anfang Oktober 2020 wieder mit einem der drei pro Jahr von mir geführten Klosterseminare in Münsterschwarzach. Und siehe da, nach drei Jahren und vielen Besuchen begegnete mir wieder Pater Jesaja beim Frühstück. Während seiner Frühstücksrunde bemerkte er die vielen strahlenden Augen der Teilnehmer und fragte nach, was sie denn hat so gut in den Tag kommen lassen. Ich antwortete ihm, dass ich nach dem Morgengebet mit den Teilnehmern meditiert hätte. Er erkundigte sich, welche Form der Meditation denn zu diesen leuchtenden Augen geführt hätte. Da musste ich schmunzeln und erzählte ihm, dass er es war, der vor drei Jahren die Saat für die Meditation gesät hätte. Er schaute mich mit fragenden Augen an, und ich ließ ihn daran teilhaben, dass unsere morgendliche Meditation darin bestand, die Sonne in unseren Herzen aufgehen zu lassen.

Pater Jesajas Reaktion zu erleben war unglaublich. Er wirkte genauso freudig wie überrascht und begann schließlich herzlich zu lachen. Es war offensichtlich, dass mit seiner damaligen Einladung, sich das Aufgehen der Sonne vorzustellen, keine Erwartung mitgeschwungen hatte. Er hatte die Gäste bedingungslos eingeladen, etwas auszuprobieren – und hatte sich frei gemacht von der Annahme, dass alle es auch tun müssten. Ihm war offensichtlich bewusst, dass es nicht in seiner Hand lag, ob und wenn ja, wann die Gäste sich seiner Einladung annahmen. Umso größer war die Freude, als er dann von mir hörte, dass die Saat, die er einst gesät hatte, in unserem Fall aufgegangen war. Mir wurde dadurch noch einmal klar, dass ich Menschen zwar einladen, inspirieren und ermutigen kann, es aber nicht in meiner Hand liegt, was sie daraus machen. Und es ist die Hoffnung, die mir dabei hilft, mit diesem natürlichen Umstand gut umzugehen, sich nicht frustrieren zu lassen.

Ganz anders war das bei mir, als ich vor zehn Jahren damit begann, unsere Mitarbeiter in unserem Curriculum für die Entwicklung ihrer Persönlichkeit zu begeistern. Damals hegte ich die große Erwartung, dass sie sich genauso für die Themen begeistern, wie es bei mir geschehen war. Und dass sie die erlernten Inhalte konsequent umsetzten, so wie ich es versuchte. Aber das geschah nicht. Und ich zerbrach fast an dieser Erwartung, und nicht nur ich, denn meine nicht erfüllten Erwartungen trieben einen Keil zwischen mich und das Team.

Verstehen die das denn nicht? Wie kann man nur so gleichgültig und undiszipliniert sein? Können die nicht mal ein bisschen Interesse zeigen und reagieren? Wie undankbar ist das denn? Das waren Gedanken, die für unsere Lerngemeinschaft nicht gerade förderlichen waren. Damals kannte ich diesen Unterschied zwischen Erwartung und Hoffnung, den man auch im Gleichnis »Vom Wachsen der Saat« (Markus 4,26–29) entdecken kann, noch nicht – und litt entsprechend unter der Situation. Wenn ich mich aber nun dafür entscheide, die Erwartung in Hoffnung zu wandeln, bedeutet das, dass ich mich bedingungslos für etwas oder jemanden einsetze, egal was daraus entsteht.

Vaclav Havel, der nicht nur tschechischer Präsident, sondern auch Menschenrechtler war, formulierte es so: »Hoffnung ist nicht die Überzeugung, dass etwas gut ausgeht. Hoffnung ist die Gewissheit, dass etwas Sinn hat, egal wie es ausgeht.«

Und das unterscheidet die Erwartung von der Hoffnung. In der Erwartung lege ich mich fest, kann enttäuscht werden, und das führt nicht selten zu einer Spaltung innerhalb einer Gemeinschaft. In der Hoffnung aber mache ich mich frei und bin offen und bereit für das, was entsteht, egal was es ist. Erst als ich den Mitarbeitern, nachdem ich meine Mission fast abgebrochen hatte, mitteilte, dass ich keine Erwartungen daran habe, was sie mit meinen Erkenntnissen anfangen, und dass es allein ihre Sache sei, wie sie damit umgehen, entwickelte sich eine größere Verbundenheit zwischen den Beteiligten. Meine Erkenntnis war damals: Nicht ausgesprochene Erwartungen frustrieren eine Gemeinschaft, während Hoffnung Menschen verbindet.

Eine weitere Erfahrung, die ich in den letzten Jahren gemacht habe, war: Wenn ich aus Mitmenschen Konkurrenten mache, wenn ich versuche, sie über den Wettbewerbsgedanken zur Höchstleistung zu bringen, kann ich nur verlieren. Immer dann, wenn ein Sieg oder Vorteil zulasten anderer geht, ist der Erfolg auf Sand gebaut und nur von kurzer Dauer. Alles, was ich tue, um den anderen zu schwächen, fällt auf mich selbst zurück. Menschen, denen ich misstrauisch begegne, werden mir Misstrauen entgegenbringen. Das ist eine ganz schlichte Regel, für die unser vierzehnjähriger Sohn Julius einen sehr passenden Begriff gefunden hat: Karma-Schelle. Negatives erzeugt Negatives, Positives erzeugt Positives.

Mit Blick auf ein gutes Miteinander geht es um soziale Kompetenzen, um menschliche Kompetenzen, und da geht es nicht mehr um die Frage, wie ich mehr Freunde auf Facebook bekomme als andere, sondern darum, wie ich für jemanden wirklich Freund sein kann. Rückt der Gemeinsinn an die Stelle des Konkurrenzdenkens, entsteht eine völlig neue Energie, dann ist eins plus eins drei. Um jemandes Freund sein zu können, ist es wichtig zu wissen, was ich ihm oder ihr über das bedingungslose Interesse hinaus schenken kann. Etwa einen Teil meiner Persönlichkeit, der meinem Gegenüber dabei hilft zu wachsen. Jemandes Freund sein heißt: Ich habe ein ehrliches, aber vor allem bedingungsloses Interesse an diesem Menschen, daran, dass es ihm gut geht und er wachsen kann. Ein konkurrenzgeprägtes Leistungsdenken hätte da keinen Platz, wenn mich jemand braucht.

Wie sich das anfühlt, wenn sich der Einzelne in den Dienst der Gemeinschaft stellt, durften wir auch bei unseren Reisen zu unseren Schulprojekten in Ruanda erleben, mit denen wir Reiner Meutsch und seine Stiftung Fly & Help seit 2015 unterstützen. Diese ganz besondere Form der Mitmenschlichkeit, die wir in diesem wirtschaftlich armen Land erfahren haben, beschreiben die Afrikaner mit dem Wort »Ubuntu« – was frei zu übersetzen wäre mit: »Ich bin, weil wir sind.« Ubuntu als Haltung sagt viel darüber aus, worauf es auch in der Krise ankommt: Gemeinschaft entwickeln, sich gegenseitig unterstützen, um zusammen den besten Weg aus der Krise zu finden. Herauskriegen, was mein Beitrag zum Überwinden der Situation ist. Und daraus entsteht dann Eingebundensein.

Also geht es in einer sich tragenden Gemeinschaft darum, meine Mitmenschen zu stärken, sie zu unterstützen und Antworten auf Fragen zutage zu fördern wie: Wofür ist es gut, dass ich da bin? Was haben andere Menschen davon, dass es mich gibt? Was tue ich dafür, die Welt, ein Unternehmen oder eine andere Gemeinschaft ein bisschen besser zu verlassen, als ich sie vorgefunden habe? Und meine Verantwortung im Sinne einer Gemeinschaft liegt in der ganz persönlichen Beantwortung dieser Fragen.

Antworten finden

Schon in den ersten Stunden des Lockdowns zeichnete sich ab, dass Mitarbeiter Aufgaben übernahmen, mit denen sie unter normalen Umständen nicht betraut waren – einfach, weil das in der Krise im wahrsten Sinn des Wortes notwendig war. Es wendete die Not. Kein einziges Mal habe ich gehört: »Das steht aber nicht in meinem Arbeitsvertrag!« oder: »Das ist nicht meine Aufgabe.« So waren viele Aufgaben vor Ort bereits erledigt, bevor wir Kenntnis davon bekamen, dass sie zur Lösung anstanden. Das

Engagement ging später so weit, dass Mitarbeiter sich während der Kurzarbeit ohne viel Aufhebens bei ihren Teamleitern selbstständig zur Mehrarbeit anmeldeten und ebenso wieder abmeldeten, wenn die Aufgabe erledigt war. Das alles brachte eine ungeheure Entlastung für die gesamte Organisation mit sich – zeitlich, wirtschaftlich, aber auch persönlich.

Sowohl an den Standorten als auch in der Emder Verwaltung spürte ich nicht nur die Fähigkeit, sondern ganz besonders die Bereitschaft, für sich und seine Mitwelt sehr rasch Verantwortung zu übernehmen. Und gerade die Eigenverantwortung schien eine wichtige Voraussetzung für die in der Krise erforderliche Handlungsfähigkeit zu sein. Die Bereitschaft, Verantwortung zu übernehmen, war aber nichts, was ich durch ein Lehrbuch oder in einem Seminar entwickle. Ich konnte sie nicht von heute auf morgen anordnen, nur weil ich sie gerade brauchte. Die Bereitschaft, Verantwortung zu übernehmen, entsteht über einen langen Zeitraum, in dem ich als Mensch gute Erfahrung im Umgang damit gemacht habe. Aber in den letzten hundert Jahren war es mit Blick auf die Erziehung der Kinder vorangegangener Generationen nicht gerade en vogue, dass sie lernten, Verantwortung für sich selbst und das eigene Handeln zu übernehmen. Die Erziehungsziele lagen eher im Bereich der Folgsamkeit, Pflichtbewusstsein und Leistungsbereitschaft wurden favorisiert.

In einer Gesellschaft, in der sich das Handeln des Einzelnen nach Zweck und Nutzen der Nation auszurichten und unterzuordnen hatte, war das heute noch zu hörende »Man macht das so« wohl eine der häufigsten Ausdrucksweisen. Fehlende Konformität wurde mit Strafen abtrainiert. Es liegt der Verdacht nahe, dass sich in diesen Erziehungszielen auch der Ursprung der »German Angst« wiederfindet, der Angst davor, Verantwortung zu übernehmen.

Gerade zu Beginn des ersten Lockdowns war ich daher sehr dankbar dafür, zu erleben, dass der Wert Verantwortung mit dem von uns gemeinsam erarbeiteten Slogan »Entscheide du und steh dazu« bei uns vor zehn Jahren seinen Weg an den Ast unseres visualisierten Wertebaums nicht nur aus einer Laune heraus gefunden hat, sondern dass dieser Wert bei unseren Mitarbeitern schon damals von großer Bedeutung war – so schwer es uns auch fiel, ihn tatsächlich zu leben. Aber wir hatten es uns zur Aufgabe gemacht, es zumindest zu versuchen, diesen gerade in schwierigen und komplexen Situationen erforderlichen Wert mit Leben zu füllen. Und offensichtlich ist es uns mit viel Übung gelungen, wichtige Schritte in diese Richtung zu gehen.

Wichtig für die Bereitschaft zur Übernahme von Verantwortung war, dass die Menschen einen Sinn erkennen in dem, wofür sie sich einsetzen. Nur weil sie Verantwortung übernehmen können oder sogar dürfen, heißt das noch lange nicht, dass sie das auch tun. Kürzlich hatte ich ein Telefonat mit dem CEO eines sehr großen deutschen Unternehmens aus der Pharmaindustrie. Er erklärte mir, dass sie schon vor längerer Zeit die Rahmenbedingungen dafür geschaffen hätten, damit Menschen eigenverantwortlicher handeln. Ich fragte ihn daraufhin, ob sie diesen geschaffenen Rahmen auch tatsächlich ausfüllen, ob sie nun auch mehr Eigenverantwortung übernehmen würden. Das betretene Schweigen am anderen Ende der Leitung machte eindrucksvoll deutlich, dass dem wohl nicht so war. Es geht also nicht um das Können und Dürfen, sondern um das Wollen – und schließlich auch um das Wagen und das Tun. Das Wollen ist dabei unweigerlich mit der Sinnhaftigkeit dessen verknüpft, was wir da tun. Wenn es um etwas geht, was die Menschen als sinnvoll empfinden, steigt auch die Bereitschaft zur Übernahme von Verantwortung.

Für mich gibt es zwei Gründe, weshalb die Menschen nicht dazu bereit sind, Verantwortung zu übernehmen: Angst und Gleichgültigkeit. Hierzu habe ich mir eine sehr einfache Formel zurechtgelegt. Das Empfinden für die Sinnhaftigkeit muss größer und stärker sein als die Angst davor, etwas zu tun. Und wie für die Angst gilt das Gleiche für die Unlust, die Gleichgültigkeit. Ein sehr einfaches Beispiel findet sich bei vielen Rettungsaktionen. Wenn das dreijährige Kind einer Mutter eine zu dünne Eisfläche betritt und einbricht, dann wird die Mutter sehr schnell ihre Angst davor, selbst einzubrechen und zu ertrinken, überwinden und dem im Eis eingebrochenen Kind hinterherspringen. Es ist also immer der Sinn, der unsere Angst oder Gleichgültigkeit überwindet.

Sinn gegen Angst

Was mir viele Mitarbeiter während des Lockdowns sehr schnell vermittelten, war, dass es ihnen bewusst war, wofür sie über sich hinauswuchsen: Es ging ihnen dabei darum, das Unternehmen, den eigenen Job und nicht zuletzt die sinn- und menschenorientierten Projekte zu sichern. Nicht nur einmal hörte ich Mitarbeiter sagen, dass unser Unternehmen in den letzten Jahren so viel für sie und andere getan hätte und dass es nun in der Krise eine Freude, ein tiefes Bedürfnis sei und keine Verpflichtung, sich zu tausend Prozent für unsere Gemeinschaft einzusetzen, damit es für alle weitergeht. »Es ist einfach zu wertvoll, was wir geschaffen haben«, war eine der Hauptaussagen. Für viele ging es darum, ihre Existenz zu sichern, für die meisten allerdings auch darum, sich für eine gute Sache einzusetzen. Und wer ein »Wofür« hat, der kann fast jedes »Wie« ertragen.

Was uns ganz sicher dabei geholfen hat, eine ganz praktische Verbindung zwischen Sinn und Krise herzustellen, war die Logotherapie. Schon im Jahr vor der Corona-Pandemie hatten wir uns dazu entschieden, die Logotherapie als Führungskompetenz bei uns im Unternehmen zu kultivieren. Und es war mein Kursleiterkollege Walter vom Team Benedikt, der mir den Kontakt zu Alexander Batthyány, dem Direktor des Viktor-Frankl-Instituts in Wien, ermöglichte. Ein für mich unfassbares Geschenk, das ich gerne entgegennahm. Umgehend setzte ich mich mit dem Psychologen und Philosophen in Verbindung. Nachdem ich Alexander Batthyány davon berichtet hatte, dass wir die Logotherapie als Führungskompetenz bei uns im Unternehmen kultivieren wollten, fühlte er sich direkt angesprochen und sagte zu, uns in Form eines Curriculums dabei zu unterstützen. Und so kam es, dass wir nur drei Wochen vor dem Ausbruch des Virus schon unsere erste Kurseinheit mit ihm erleben durften. Was für ein Segen, denn schon in den ersten gemeinsamen Lerneinheiten bekamen knapp dreißig Upstalsboomer kurz vor dem Lockdown ein Instrumentarium an die Hand, das uns in den darauffolgenden Monaten sehr beim Führen durch die Krise unterstützen sollte.

Begründer der Logotherapie und Existenzanalyse ist Viktor Frankl, dessen Familie während der Nazidiktatur in den Konzentrationslagern fast vollständig ermordet wurde. Frankl selbst wurde von amerikanischen Soldaten aus einem Außenlager des KZ Dachau befreit. Er trat als Überlebender trotz seiner erlittenen Qualen stets für Versöhnung ein, für Vergebung, aber nicht für Vergessen – und schrieb nach dem Krieg als Essenz seiner grausamen Erfahrungen das Buch: ... *trotzdem Ja zum Leben sa-*

gen. Zugleich ist es eine literarische Umsetzung der von ihm entwickelten Logotherapie.

Als eine der Hauptaufgaben menschlichen Seins postulierte Frankl die Beantwortung der Sinnfrage: Was bringt unser Leben wirklich zum Klingen und lässt es gelingen? Was ist unsere innere Berufung? Aufgrund seiner eigenen Lebenserfahrung ging er davon aus, dass die Sehnsucht nach einem erfüllten, zufriedenen und erfolgreichen Leben in Zeiten von Veränderung und Wandel, auch Bedrohung, besonders spürbar ist. Weil alte Sicherheiten nicht mehr greifbar und materielle Sicherheiten zertrümmert sind, besteht der Zwang, Gewohntes zu hinterfragen. Wenn ich drohe unterzugehen, ist die Sinnfrage der Weckruf, endlich aus meinem Schlaf, meiner Gleichgültigkeit dem Leben gegenüber aufzuwachen und Antworten auf die Fragen zu finden, die mir das Leben stellt.

Angesichts seiner persönlichen Geschichte ging es Frankl in der Logotherapie auch um die Unterscheidung zwischen äußeren Lebensereignissen und der eigenen inneren Lebensauffassung. Die Art und Weise, wie man auf Lebensereignisse reagiert und mit den Folgen für sein eigenes Leben besser umgehen lernt. Es war ihm wichtig, dass der Mensch Rahmenbedingungen, die er selbst nicht zu ändern vermag, zunächst einmal anerkennt – und dann angesichts dieser unveränderlichen Rahmenbedingungen Chancen und Lösungen sucht, die seine Situation verbessern. Oder wie in seinem Fall verhindern, dass man an traumatischen Erlebnissen wie der Inhaftierung in einem KZ zerbricht. Überlebenswichtig, so Frankl, sei in jeder Lebenskrise, dass ein Mensch die Frage nach dem Sinn für sich beantworten könne. Dabei sollen sich unsere Überlegungen nicht darauf konzentrieren, wie Veränderungen entstanden sind, sondern darauf, herauszufinden, welche Botschaft und welche Wirkung sie aussenden – und was sinnvolle Veränderungsmöglichkeiten in diesem vorgegebenen neuen Rahmen sind.

Das Ganze zielt ab auf die Bewusstwerdung der Eigenverantwortung für dein Leben. Dabei geht es um den Sinn des Lebens an sich, aber auch um den Sinn des Augenblicks. Diese Übernahme der Eigenverantwortung wiegt schwer, entfaltet aber wiederum, richtig angewandt, eine ungeheure geistige Freiheit, selbst zu definieren, was mein Leben wertvoll macht und wie viel Macht ich anderen Menschen über mich einräume. Jeder trägt die Fähigkeit in sich, diese geistige Freiheit zu entwickeln, mit Situationen – auch Zwangssituationen – umzugehen. In einer Weise, dass er nicht mit seinem Schicksal hadert und in Ohnmacht versinkt, sondern zukunftsgewandt gestaltend nach sinnvollen Lösungen strebt, selbst innerhalb schwieriger, lebensgefährdender Rahmenbedingungen.

Sinnvoll kann schon bedeuten, dass ich mein Handeln auf jemanden in meinem Umfeld ausrichte, der mir viel bedeutet. So wie die Mutter, die ihr ins Eis eingebrochenes Kind rettet. Sinn entsteht, wenn ich mich bedingungslos für einen anderen Menschen einsetze oder im Extremfall sogar mein Leben für den anderen opfere. Es geht um die Entwicklung einer sehr starken Grundhaltung. Denn wer die Antwort auf die Frage aller Fragen hat und für sich ein »Wofür« im Leben gefunden hat und weiß, was das »Wofür« ist, befindet sich auf einem guten Weg zum gelingenden Leben, in dem ihm keine Krise etwas Ernsthaftes anhaben kann. Das in etwa ist, sehr verkürzt natürlich, der Kern der Logotherapie.

Schätzen, was ist

Den Sinn zu erkennen in dem, wofür wir uns als Gemeinschaft einsetzten, weckte gerade in den ersten Tagen des Lockdowns ein schier unglaubliches Interesse an allem und jedem, was für die Überwindung dieser schwierigen Zeit entscheidend sein konnte. Selten zuvor hatte ich eine derartige Präsenz bei allen Beteiligten erlebt. Und gerade in der ersten Schulung hatte uns Alexander Batthyány dazu aufgefordert, uns weniger mit den Dingen zu beschäftigen, die wir ohnehin nicht ändern können, sondern uns viel mehr auf das zu fokussieren, was uns in dieser Situation noch an Sinnvollem möglich ist. Einen Sinn zu erkennen in dem, wofür wir uns hier gerade engagierten, war sehr wichtig für ein grundlegendes Interesse daran, etwas zu tun. Und aus diesem Interesse entstand spannenderweise auch ein starkes Gefühl gegenseitiger Wertschätzung. Wertschätzung hatte ich bei uns auch schon vor der Pandemie in besonderer Form gefördert und wahrgenommen, aber das, was ich mit dem Lockdown an Intensität des Miteinanders erleben durfte, hätte ich nicht zu hoffen gewagt.

Das Gegenteil von Wertschätzung ist Gleichgültigkeit. Wenn ich mich also für einen Menschen interessiere, dann stehen die Chancen gut, dass sich dieser wertgeschätzt fühlt. Und wenn ich mich dann noch innerlich davon frei machen kann, dass Interesse nicht gleichbedeutend mit Zustimmung oder ähnlichen Neigungen ist, gelange ich sogar auf eine Ebene der bedingungslosen Wertschätzung – und die setzt unglaublich viel Energie, Kraft und Kreativität frei. Deutlich wurde mir dies bei Frank, einem unserer Tellerwäscher im Upstalsboom-Hotel Ostseestrand, dessen Geschichte ich in meinem Buch *Kraftquelle Tradition* näher beschrieben habe, sie hier aber noch einmal in groben Zügen erzählen möchte:

Vor gut zwei Jahren traf ich in einer unserer Hotelküchen einen Tellerwäscher. Ich fragte ihn, was ihm wirklich Freude bereite und womit er sich neben seiner Arbeit beschäftige. Ganz begeistert berichtete er mir davon, dass er seine Leidenschaft fürs Fotografieren entdeckt und sich eine Kamera gekauft hätte. Obwohl ich mich bislang nicht ansatzweise mit Fotografie beschäftigt hatte, schenkte ich ihm während des vielleicht zehnminütigen Gesprächs meine vollste Aufmerksamkeit. Als wir uns ein paar Wochen später wieder begegneten, überreichte er mir einen von insgesamt vier Fotokalendern, die er für seine Mutter, seine Schwester, sich selbst und mich angefertigt hatte. Abermals stellte ich Fragen: zu den einzelnen Motiven und wie er diesen Kalender gestaltet hatte. Auch wenn die Bilder mir selbst als Laien deutlich machten, dass er mit seinem Hobby noch in den Kinderschuhen steckte, zollte ich ihm Respekt für das, was er mit viel Freude selbst gemacht hatte.

Es verging ein weiteres Jahr, bis eine Kollegin mit einem sehr großen Briefumschlag in mein Büro kam. Ich öffnete ihn und fand darin einen unglaublich schönen Fotokalender. Absender: Frank, der Tellerwäscher. Der sich in ihm abzeichnende Entwicklungssprung war so immens, dass ich mit beiden Exemplaren zu unserem Marketingteam ging. Sie waren begeistert über Franks Fähigkeiten, und seitdem trägt er mit seinen Fotos nicht nur zu unseren Drucksachen oder Webauftritten bei, sondern hat sogar eine eigene, die Hotelflure zierende Fotoausstellung in »seinem« Hotel. Wir nennen das Wertschöpfung durch Wertschätzung. Ein ehrliches und vor allem bedingungsloses Interesse an den Menschen an sich und nicht nur an dem, was sie imstande sind, zu leisten, ist ein Garant für Freundschaft, Freude, Energie und Kraft.

Deutlich wurde mir diese Unterscheidung aber auch im Zusammenhang mit den Vorberichterstattungen zur Präsidentenwahl in den USA: Die beiden Parteien, die Republikaner und die Demokraten, straften das Verhalten der jeweils anderen Seite mit Verachtung. Aber Verachtung führt immer zur Trennung, zur Spaltung, zu einem Gegeneinander. Gleiches gilt für die voneinander abweichenden Sichtweisen im Umgang unserer hiesigen Politiker mit der Pandemie. Mir berichtete eine Mitarbeiterin, dass in ihrer Familie ein Streit darüber entbrannt sei, was denn nun im Umgang mit dem Virus das Richtige wäre, Lockdown oder Impfen. Auch, ob es nun harmlos oder gefährlich sei. Allen Streitereien ginge jedes Mal eine Missachtung der gegenseitigen Meinung voraus.

In allen Fällen, wo eine Entwicklung polarisiert, fehlt es an Respekt gegenüber denjenigen, die eine andere Ansicht vertreten. Dabei würde ein winziger Kniff schon helfen, um Spaltungen zu verhindern. Das Zauberwort heißt: bedingungsloses Interesse! Wenn ich mir bewusst mache, dass mein Interesse an etwas oder jemandem nicht gleichbedeutend mit meiner Zustimmung ist, kann ich aufmerksam sein und dennoch begründen, womit ich überhaupt nicht übereinstimme. Das Verhalten, mit dem ich meinem Interesse Ausdruck verleihe, ist das offene Fragen, das uns schon in der *Sesamstraße* mit dem Song »Wer, wie, was, wieso, weshalb, warum, wer nicht fragt bleibt dumm« empfohlen wurde. Und das Gute am gegenseitigen Befragen ist, dass wir dadurch viel lernen und verstehen und uns damit hervorragend rüsten, gerade um Krisen zu bewältigen.

Auch diese Haltung bedarf der Übung und vor allem der Ermutigung. Was uns sehr dabei geholfen hat, offen und interessiert an Unbekanntes heranzugehen, ist, dass wir – neben der Logotherapie – seit 2018 auf unseren Workshops zu philosophieren begonnen haben, und zwar unter professioneller Anleitung des Philosophen Hans-Joachim Müller. Seit vielen Jahren widmet er sich der Kinderphilosophie: als Grundschullehrer, als Lehrbeauftragter an der Universität oder als Leiter des Zentrums für Kinderphilosophie in Bad Zwischenahn. Ihm ist es wichtig, über Dinge zu staunen, Fragen zu stellen, zu sinnieren und zu analysieren, Menschen, egal ob groß oder klein, frei von Zwängen denken zu lassen. Und das durften auch wir erleben. Denn das Ergebnis war jedes Mal eindeutig: Wie sehr uns Vorurteile ärmer machen – und wie sehr uns Neugier, Verstehen wollen und offenes Fragen bereichern können, weil es unsere eigene Perspektive erweitert. Es ist ungemein bemerkenswert, wie viel Freude und Wissen aus der Begegnung ganz unterschiedlicher Sichtweisen entstehen können. Eines wurde uns als Team dabei in jedem Fall klar: die Bedeutung von Wertschätzung auch bei gegenteiligen Meinungen. Die Bereitschaft zuzuhören und verstehen zu wollen. Mit anderen Ansichten ist es wie mit unseren Gedanken, sie zu bekämpfen ist sinnlos, denn es macht sie nur stärker. Viel klüger ist es, mit ihnen zu ringen, sich für sie zu interessieren, zu schauen, was mit ihnen anzufangen ist, und sie so für eine sinnvolle Sache nutzbar zu machen.

Mut zur Demut

Was einigen der sich damals am Philosophieren beteiligenden Upstalsboomern bewusst wurde, war, dass es einer gewissen Form der Demut bedarf, um für den gemeinsamen Dialog und damit für eine starke Gemeinschaft bereit zu sein. Eine starke

Gemeinschaft zeichnet sich dadurch aus, dass sich die an ihr Beteiligten auf Augenhöhe begegnen. Und das wiederum fordert alle zur Demut auf. Denn wenn ich eine Gemeinschaft nur als Bühne betrachte, um zu zeigen, wie toll ich bin, wird sie daran vielleicht zerbrechen.

Demut beschreibt die Eigenschaft und Fähigkeit, sich den Worten, Weisungen und Ansichten anderer zu öffnen. Demut bedeutet demnach auch, nicht nur den eigenen Standpunkt zu vertreten, sondern zu akzeptieren, dass meine Antwort eine von vielen Antworten und meine Sichtweise eine von einer Vielzahl anderer Sichtweisen ist. Und genau das habe ich nicht nur beim Philosophieren im Rahmen unserer Entwicklungswerkstatt erlebt, sondern auch während unserer Corona-Jams, als wir die für uns neue Gesprächstechnik aus dem Kloster ausprobierten.

Wie häufig habe ich früher bei uns erlebt, dass Impulse in Form neuer Ideen erst einmal mit einem »Aber« quittiert wurden. Stundenlang wurde darüber diskutiert, ob wir dieses oder jenes mal ausprobieren sollten oder eben nicht. Die Quintessenz war, dass am Ende Frust zu spüren war, der dazu führte, dass neue Ideen oder Fragen nicht mehr eingebracht wurden. Überheblichkeit wird durch die Art und Weise sichtbar, wie wir reden, und die Häufigkeit des verwendeten Wortes »aber« könnte einen Hinweis darauf geben. Demut dagegen ist: die Bereitschaft zu schweigen, sich anderen zu öffnen, sie zu hören und von ihnen zu lernen. Demut macht mich gerade als Führungskraft für die Mitarbeiter zugänglich. Bin ich hochmütig, rede ich zu viel, habe ich auf alles eine Antwort und das erste, alleinige und letzte Wort, wird sich irgendwann niemand mehr an mich wenden. Demut ist es, was die Wissenden befähigt, von den Weisen, die Erwachsenen von den Kindern, die vermeintlich Starken von den vermeintlich Schwachen zu lernen.

Auf unseren Mitarbeiterreisen nach Ruanda haben wir genau das erfahren. Wir sind nicht nach Afrika gereist, um uns Wohltäter zu nennen, das wäre überheblich gewesen. Im Gegenteil: Wir fliegen jedes Jahr nach Ruanda, um von der Bevölkerung zu lernen, wie Gemeinschaft, wie Ubuntu funktioniert. Die Finanzierung der Schulen über unsere Spenden ist im Grunde ein viel zu niedriger Preis für das, was wir für diese auch unsere Gemeinschaft stärkenden Erfahrungen zahlen. Für uns ist das ein eindrückliches Beispiel dafür, dass wir als Mensch oder Gemeinschaft nur wachsen, wenn wir unseren Mitmenschen, unabhängig von Position oder Herkunft, demütig gegenübertreten.

Ich denke hier auch an Dieter, nicht nur einer unserer langjährigsten Barkeeper, sondern ebenso ein waschechter Ostfriese und vor allem Upstalsboomer durch und durch. Am Tag des Lockdowns kam er zur Arbeit – um gleich wieder nach Hause zu gehen. Dieter ist Barkeeper aus Leidenschaft, der nicht nur gute Drinks mixen kann, sondern seine Bar dafür nutzt, die unzähligen Fragen unserer Gäste zum Upstalsboom-Weg zu beantworten. Aber nicht nur hinter dem Tresen, er ist auch auf vielen Vorträgen, Workshops und Schulungen unterwegs. Schnell wird klar, dass Dieter jemand ist, der seine Berufung in seinem Beruf gefunden hat und es überdies nur gut mit den Mitmenschen meint. Mit dem Lockdown kam sein Leben völlig aus dem Rhythmus. Sonst hatte er den Tag für sich, ging erst spät zur Arbeit und kam erst nachts nach Hause. Jetzt musste er jeden Tag zu Hause zu sein. Allein schon vom Biorhythmus her eine gewaltige Umstellung. Emotional fehlten ihm all die guten Gespräche, die man als Barkeeper mit seinen Gästen führen kann. Dazu kam die Ungewissheit über die Zukunft. Was, wenn es nicht weiterginge? Wenn er mal einen Tiefpunkt hatte, holte er sich die Fotos seiner Tour nach Ruanda auf den Bildschirm seines Computers und tauschte sich mit seinen Kollegen aus, die mitgereist waren. Die Aufnahmen lachender Kinder, denen wir geholfen hatten, eine Schule zu bauen, erinnerten ihn daran, trotz allem dankbar zu sein für das, was er erreicht hatte und worauf er zurückgreifen konnte.

Dieter verglich dann seine Situation mit der dieser Kinder in Ruanda – und dieser Vergleich relativierte erheblich seine eigene Not. Die dort erlebte Freude dieser Jungen und Mädchen machte ihm Mut, sich an den kleinen und für uns so selbstverständlichen Dingen des Lebens zu freuen: frisches Wasser, Frieden, ausreichend verfügbare Lebensmittel. Ein festes Dach über dem Kopf. Beim Anblick dieser Bilder wurde ihm bewusst, dass die krisenbedingten Entbehrungen in Deutschland keine wirklichen Entbehrungen waren, zumindest nicht im Verhältnis zu denen, die die Menschen in Ruanda täglich erfahren. Diese Dankbarkeit und die Menschen in Ruanda zum Vorbild bewogen ihn, in seiner Krise nach vorne zu denken, nach Chancen zu suchen und sich nicht zu sehr in seine Einsamkeit einzuhängen.

Es waren die Begegnungen mit den Menschen in Ruanda, die Logotherapie und das Philosophieren mit den Kollegen auf unserer Entwicklungswerkstatt, die immer mehr von uns in der Haltung bekräftigten, dass Demut die Grundlage für den rechten Umgang miteinander ist. Die Verhaltensweisen, durch die ich meine Demut anderen gegenüber zum Ausdruck bringe, ist: Hören, Sehen, Fühlen, Schweigen, Beobachten, Sich-Gedulden und Warten.

Doch Demut bedeutet auch, für sich das Bewusstsein zu entwickeln, dass wir abhängig von anderen Menschen sind. Das, was sich während des Lockdowns bei vielen unserer Mitarbeiter an unterstützenden Sicht-, Denk- und Verhaltensweisen offenbarte, war das Ergebnis jahrelanger Arbeit. Eine Arbeit, die, wie ich schon erwähnte, längst nicht alle bereit waren, auf sich zu nehmen, um in ihrer Persönlichkeit zu wachsen, was mich manchmal verzweifeln ließ.

Im zweiten Gedankengang wird mir dann aber bewusst, dass ich ohne ein Unternehmen, ohne eine Gemeinschaft, aber vor allem ohne die sich durch sie ergebenden Aufgaben mir sämtliche Nährstoffe abschneiden würde. Die Bücher, die ich lese, lese ich nicht nur mit Blick auf meine eigene, sondern ganz besonders auch mit Blick auf die Entwicklung meiner Mitmenschen in einem dynamischen Unternehmen. Die Seiten meiner Bücher, die ich schreibe, wären leer, wenn ich nichts von den Menschen und ihren Geschichten in unserem Unternehmen und den vielen wertvollen Begegnungen und Gesprächen zu berichten hätte. Gleiches gilt für die Vorträge, auf denen ich ohne meine Erlebnisse im Unternehmen nichts vorzuzeigen hätte. Und ohne die Menschen im Unternehmen würden auch meine Seminare zu theoretischen Lehrveranstaltungen verkommen. Das, was ich liebe zu tun, lebt vom täglichen Leben in und mit einer Gemeinschaft; und zwar mit allen Höhen und Tiefen.

Ich bin also abhängig von einer Gemeinschaft, so anstrengend mir das auch manchmal erscheint. In dem Moment, wo ich mich von einer Gemeinschaft abkapsle, käme das dem Verlust von Heimat oder Familie gleich. Das bedeutet: Auch wenn es innerhalb der Gemeinschaft noch so schwierig ist, bleibt sie doch der Nährstoff für Entwicklung. Aber sich voller Demut mit und in einer Gemeinschaft arrangieren zu können unterscheidet vielleicht auch das wirklich gute von dem nur bequemen Leben – oder das wirkliche Freisein von reiner Willkür.

Für mich gehören Freiheit und Unabhängigkeit zu den tragenden Säulen in meinem Leben. Doch gerade mit Blick auf meine Vergangenheit habe ich manchmal den Verdacht, dass ich zwischenzeitlich immer mal wieder übers Ziel hinausgeschossen bin. Denn wir sind nicht unabhängige Einzelne, sondern voneinander abhängige Viele. Und gerade wenn es Rückschläge gab oder ich mich überfordert fühlte, schien es, dass mir bei meinem friesischen Drang nach Freiheit auch mal ein geringeres Verantwortungsbewusstsein gegenüber meinen Mitmenschen und meinem Umfeld aufblitzte. Nur so lässt sich erklären, weshalb ich gerade in den Momenten, wo mir alles zu viel wurde, darüber nachdachte, alles hinzuschmeißen. Aber Freiheit ohne Verantwortung ist Willkür. Denn Freiheit bedeutet nicht nur, an sich zu denken. Freiheit und Verantwortung bedingen einander, zumindest dann, wenn Freiheit nicht zu einer Ausgeburt rein willkürlichen Handelns werden soll. Wenn Freiheit nicht bedeutet, anderen die Folgen meines Handelns aufzuzwingen. Stattdessen: sich für ein verantwortungsvolles Verhalten gegenüber meinen Mitmenschen zu entscheiden. Doch so lange Freiheit mit reinem Vergnügen verwechselt wird, das auf Kosten anderer erst möglich wird, wird es schwierig mit einem guten Miteinander.

Und immer wieder Dankbarkeit

Wie es sich anfühlt, wenn Menschen ihre Freiheit dafür nutzen, um Verantwortung für ihre Mitmenschen zu übernehmen, erfuhren Mitarbeiter wie Dieter schon kurz nach dem Lockdown durch unsere Stammgäste. Sie schrieben E-Mails oder hübsch gestaltete Briefe und fragten nach unserem Befinden. Einer schickte uns sogar ein Video, in dem er auflistete, was er Gutes bei uns erfahren hatte. Er bedankte sich und meinte zum Schluss, er freue sich darauf, uns bald wiedersehen zu können. Dieses Video wurde in sämtlichen unserer Netzwerke abgerufen. In dieser anspruchsvollen Zeit erlebten wir, dass aus Gästen Freunde geworden waren. Diese ermutigende Erfahrung, für die wir so dankbar waren, führte uns dann selbst zu der Frage: »Wie oft sagen wir heute noch jemandem Danke? Selbst wenn wir fühlen, dass wir uns bedanken sollten?«

Das von unseren Gästen ausgesprochene Dankeschön tat uns so gut, dass wir uns darin bestärkt fühlten, auch im Umgang miteinander noch achtsamer auf Gutes zu reagieren und häufiger Danke zu sagen. Aber das reichte uns nicht, besonders motiviert durch das Video wandten wir unsere Aufmerksamkeit in Richtung der Menschen, die sich dafür einsetzten, dass wir trotz geschlossener Hotels diese schwierige Zeit überstehen. Da gab es viele Menschen und Institutionen, die über sich hinauswuchsen und sich dafür einsetzten, dass unsere Gesellschaft und Wirtschaft möglichst unbeschadet durch die Krise kamen.

Unser Blick fiel dabei auch auf die Bundesagentur für Arbeit. Meine Schwiegermutter hatte privat Kontakt zu einer Agenturmitarbeiterin und wusste zu berichten, dass da gerade Unmenschliches geleistet wurde. Wir versuchten uns in die Mitarbeiter der Agenturen hineinzuversetzen. Wir versuchten uns vorzustellen, wie es in deren Büros aussah, Schreibtische übersät mit Anträgen, jeder einzelne wichtig. Überlebenswichtig. Allein die Vorstellung, was die Mitarbeiter angesichts der Antragsflut empfinden mochten, war kaum zu ertragen. Viele verzichteten auf einen geregelten Arbeitstag genauso wie auf ihre Familien; und das über Wochen. Aber zu wissen, wofür, schien ihnen diese Kraft zu geben, das durchzustehen, egal wie erschöpft sie auch waren. Wer kennt nicht dieses Gefühl, in dem sich die totale Erschöpfung und die absolute Zufriedenheit miteinander vereinen?

In Anbetracht dieser Vorstellung wurde mir einmal mehr bewusst, welcher Unterschied zwischen Menschen besteht, die nur um sich selbst und ihre eigenen Probleme kreisen, und denen, die sich den Problemen ihrer Mit- und Umwelt zuwenden und sich dafür engagieren, dass es anderen besser geht. Die einen verlieren sich im Tal des Jammers, sind frustriert, egozentrisch, wütend und ängstlich, während die anderen voller Energie sind und sich auf das Positive ausrichten, mitfühlend und dankbar sind.

Wir beschlossen, aus diesem Gedanken ein Danken zu machen, und nutzten eine unserer ersten Zoom-Konferenzen dazu, ein Dankeschön-Video für die Teams der Agentur für Arbeit aufzunehmen und online zu stellen. Das Echo war überwältigend, und das, was uns besonders berührte, waren die unzähligen Zuschriften und Reaktionen aus den Agenturen der gesamten Republik. Von Sachbearbeitern wie von einzelnen Direktoren bekamen wir Rückmeldungen wie: »Vielen Dank. Das gibt Kraft.« – »So viel Dank haben wir in fünfzehn Jahren nicht bekommen. Viel Erfolg und Durchhaltevermögen.« – »Es tut wirklich gut, dass auch jemand an uns denkt und dankt!« Oder: »Danke, das ist so schön, zu wissen, dass man uns doch sieht!«

Da fühlten sich Menschen von uns gesehen und wertgeschätzt, so wie auch wir uns gesehen und wertgeschätzt fühlten. Und wir haben nichts anderes getan, als uns bewusst zu machen, dass hier keiner von uns ohne die anderen durch diese Krise kommt. Die Stärke des Echos war für uns überraschend. Und die damit einhergehenden Gefühle überwältigten auch viele von uns. Das Gefühl der Dankbarkeit mit vielen Menschen aus der Agentur für Arbeit zu teilen, verband uns aber auch miteinander.

Tage später erinnerte mich der aus dieser Aktion entstandene »Segen« an ein Zitat von Alexander Batthyány, das ich hier in leicht abgewandelter Form wiedergebe: Geld kann man nur ausgeben, so viel man hat. Dankbarkeit kann man ausgeben, so viel man will.

Es war für alle Seiten wunderbar zu erleben, was ein schlichtes Dankeschön an guten Gefühlen auszulösen vermag. Warum also danken wir nicht viel häufiger und ganz bewusst anderen Menschen, wenn es so guttut? Dieses Gefühl, ohne jede Bedingung oder Erwartung etwas Gutes in die Welt gebracht zu haben, schafft gerade in Krisen Verbundenheit, sodass die ganze Anspannung des Tages sich in einer tiefen Zufriedenheit auflöst. Es ist auch eine Bestätigung: Ich bin nicht allein. Wir erleiden alle das gleiche, aber wir halten zusammen.

Mit Humor und Selbsterkenntnis

Was ich im Lockdown ebenso erleben durfte, war, dass größere Teile des Teams offensichtlich selbst in kritischen Situationen den Humor nicht verloren haben. Humor half dabei, die Diskrepanz zwischen Ideal und Realität vorübergehend zu überwinden. So versuchten wir so häufig wie möglich Gründe zu finden, um zwischendurch auch mal zu lachen, denn darüber bewahrten wir uns unsere positive und lösungsorientierte Einstellung. Weil wir uns das Lachen und die gute Laune nicht verbieten ließen, gelang es uns immer wieder, aus dem Lamentieren und Trübsalblasen ins Handeln zu kommen. Meist waren es diejenigen, die gute Stimmung verbreiteten, die uns am ganz praktischen Beispiel aufzeigten, dass es nicht auf die Bedingungen ankommt, sondern darauf, was wir aus ihnen machen. Einige Personen, besonders aus dem Hotelgewerbe, hatten aber offensichtlich ein Problem damit, dass wir die Situation und die Entscheidungen der Regierung als unverrückbar angenommen hatten und mit einer positiven und lösungsorientierten Haltung versuchten, das Beste daraus zu machen. Nach einem Radiointerview, in dem ich mit unserer positiven Haltung nicht hinterm Berg hielt, schmetterten sie uns entgegen, wir würden der Hotellerie mit unserem Verhalten einen Bärendienst erweisen, wenn wir lauthals erklärten, dass wir trotz aller Widrigkeiten gut zurechtkämen. Einerseits konnte ich die Wut und die Ängste, die dahinterstanden, nachempfinden, denn mir selbst ging es zwischendurch immer mal wieder ähnlich, andererseits wurde mir in Zeiten der Stille bewusst, dass uns diese Gefühle in der Bewältigung von Krisen einfach nur behindern. Gerade im operativen Alltag half es uns sehr, die Mitarbeiter mit Blick auf die uns noch verbliebenen Möglichkeiten ins Handeln zu bringen und sich aktiv – jeder in seinem Bereich und nach seinen Möglichkeiten – an der Rettung unserer Unternehmung zu beteiligen.

Mut statt Wut und handeln statt gehandelt zu werden waren die Themen – und zwar als Gemeinschaftsaufgabe. Zugehörigkeit, zu wissen, wohin man gehört. Eingebunden sein und gebraucht werden: Das waren die für uns entscheidenden Faktoren zur Lösung vieler krisenbedingter Herausforderungen. Wir rückten zusammen statt auseinander, weil wir unsere gemeinsame Aufgabe erkannt hatten. Und damit reelle Chancen sahen, mit den Folgen der Pandemie irgendwie klarzukommen.

Aber in den jeweiligen Teams gab es bisweilen deutliche Unterschiede im Umgang mit den Auswirkungen der Krise. Das hatte damit zu tun gehabt: Wer schon lange mit uns auf dem Upstalsboom-Weg unterwegs war, die ausgesprochenen Entwicklungsangebote nutzte und sich aktiv in unsere Kultur einbrachte, war stärker auf das Gemeinwohl und das Miteinander ausgerichtet. Diejenigen, die noch im Konkurrenzdenken der traditionellen Arbeitswelt verhaftet waren, weniger. Insofern erlebte ich in bestimmten Situationen – zum Glück jedoch nur selten – eine regelrechte Demaskierung von jenen Menschen, die bis dato ein sehr egoistisches Dasein in unserer Gemeinschaft führten. Aber Gott sei Dank konnte diese Minderheit den Gesamterfolg unseres gemeinsamen Handelns nicht schmälern. Im Gegenteil, durch die von ihr ausgehenden Widerstände ergaben sich für alle anderen immer wieder kniffelige Aufgaben, deren Lösung die persönliche Entwicklung förderte.

Es sind herausfordernde Menschen und Situationen, die mir dabei helfen, mich ein bisschen besser kennenzulernen. Es gibt stets Ursachen für ein Verhalten. Meistens liegen diese in der Vergangenheit, und es ist ein großes Abenteuer, herauszufinden, wieso ich mich verhalte, wie ich mich verhalte. Die eigene Vergangenheit zu verstehen ist auch Teil der Selbsterkenntnis, eine Frage der Persönlichkeitsentwicklung und der Übung – und daher ein wichtiger Baustein in unseren Curricula. Da geht es zum Beispiel um das innere Kind. Um die Beziehungen zum Vater, zur Mutter und zu den eigenen Ressourcen. Wenn ich aus der Angst heraus handle, weil ich denke, etwas nicht zu bekommen oder zu verlieren, so wie ich es vielleicht als Kind erfahren habe (weil ich mich abgelehnt, nicht anerkannt, nicht geliebt oder nicht gebraucht fühlte), werde ich im Leben, bei der Arbeit oder in der Familie immer wieder Gründe dafür finden, unglücklich zu sein. Und dafür braucht es dann noch nicht einmal eine Krise. Wenn ich mich jedoch ins Abenteuer begebe, mich ein bisschen besser kennenzulernen, laden mich gerade die mit einer Krise einhergehenden Rahmenbedingungen förmlich dazu ein, einen klareren Blick auf mich zu gewinnen. So gesehen ist die Krise eine Option, sich ein biss-

chen besser kennenzulernen, auch wenn die mit ihr einhergehenden Unsicherheiten zwischendurch nur schwer auszuhalten
sind.

Die Krise offenbart mir schonungslos, wo etwas mit oder in
mir nicht in Ordnung ist, wo ich in der Vergangenheit vielleicht
»falsch« abgebogen bin. Wenn ich mich allerdings überhaupt
nicht mit mir beschäftigt habe, kann mich eine Krise genauso
hart wie überraschend treffen. Und auch das haben wir bei uns
in den Teams erlebt. Mitarbeiter, die sich nie mit unseren Angeboten, sich selbst auf die Spur zu kommen, beschäftigt haben,
traf die Pandemie mental deutlich härter als diejenigen, für die
ihre Persönlichkeitsentwicklung fördernde Verhaltensweisen zur
Gewohnheit geworden waren.

Mir geht es nicht darum, Verhalten (pro oder kontra für eine
aktive Persönlichkeitsentwicklung) rückwirkend zu bewerten
oder zu kritisieren. Vielmehr geht es um das Beobachten von Ursache und Wirkung. Dabei wurde deutlich, dass es einen engen
Zusammenhang zwischen Selbsterkenntnis und Resilienz gibt.
Je besser ich mich bisher kennengelernt habe, je bewusster ich
mir meines Selbst geworden bin, desto weniger erschrecke ich
im Angesicht einer Krise. Oder anders ausgedrückt: Eine Krise
ist nichts anderes als Selbsterkenntnis mit der Brechstange. Die
Krise fragt nicht, ob ich gerade bereit dazu bin, eine Lektion zu
lernen. Anders ist es jenseits einer Krise. Da habe ich die Erfahrung gemacht, dass es die Bereitschaft eines Menschen braucht,
sich entwickeln zu wollen. Ohne eine solche läuft nichts. Als
Führungskraft, Coach oder generell als Mitmensch kann ich die
Saat säen, die Menschen inspirieren, einladen oder ermutigen,
sich auf ihren Weg zu machen. Aber gehen müssen sie ihn letztlich selbst, und in Bewegung setzen sich Menschen ohnehin nur,
wenn sie es für sinnvoll halten.

Mich erinnert das an zwei Mitarbeiter, Yvonne und Thomas, sie waren seit Jahren Teil des Berliner Teams. Bis 2019 hatten sie keinerlei Interesse an den von uns ausgesprochenen Angeboten für ihre persönliche Entwicklung gezeigt. Alles, von der Entwicklungswerkstatt bis zum Curriculum, bliebt unerhört. Sie fühlten sich einfach nicht angesprochen. Sie vertraten die Meinung, dass Arbeit Arbeit ist und Privates privat. Gute Arbeit für gutes Geld. Und dabei sollte es bleiben. Für sie gab es keinen Grund, sich an den kulturellen und persönlichen Entwicklungsangeboten im Unternehmen zu beteiligen. Im Gegenteil: Das, was wir in unseren Kursen absolvierten, war ihnen eher suspekt. Für die Teamleitung vor Ort, aber auch für mich war das vollkommen in Ordnung. Menschen sollten nicht zu ihrer Entwicklung gezwungen werden.

Als ich dann aber eines Tages zu einem »Bodo Talk« ins Berliner Haus kam, saßen auch die beiden in dem Raum, in dem die Gesprächsrunde mit mir stattfinden sollte. Sie wollten mal hören, was es denn so für Neuigkeiten in der Upstalsboom-Welt gab. Und dafür diente der Talk. Der Talk ist ein bisschen so wie ein Lagerfeuergespräch unter Reisenden. Man ist unterwegs, trifft sich abends und hört einander zu. Gut vier Wochen später stand unsere Entwicklungswerksatt auf dem Plan, in der wir uns zweimal im Jahr mit über hundert Upstalsboomern und etwaigen Gästen aus Politik, Wissenschaft und Wirtschaft treffen und über spezielle Themen und zukünftige Anliegen austauschen. Es wird philosophiert, gespielt und gebastelt, und jeder ist eingeladen, sich mit seiner Persönlichkeit in die Zukunftsgestaltung mit einzubringen.

Ich war überrascht, als ich bei der Begrüßung der Teilnehmer zum ersten Mal Yvonne und Thomas sah, sie hatten sich also mit weiteren Berlinern auf den Weg nach Varel gemacht. Wir erlebten zwei einzigartige Tage, in denen wir versuchten, mittels Mimik, Gestik und Körperhaltung über Freundschaft zu philosophieren, uns über intuitive Brettspiele dem Begriff »Gast« zu nähern und letztlich Gastfreundschaft aus Sperrmüll zu basteln.

Gut zwei Wochen nach der Entwicklungswerkstatt erhielt ich dann einen Anruf aus Berlin. Am anderen Ende der Leitung hörte ich eine mir unbekannte Stimme. Von meinem Gesprächspartner erfuhr ich, dass er Lehrer in Berlin sei, seine besten Freunde bei uns im Hotel arbeiten und er liebend gerne an der nächsten Entwicklungswerkstatt teilnehmen möchte. Ich fragte, wie es dazu gekommen sei, dass er uns besuchen wolle. Er berichtete, dass Yvonne und Thomas so begeistert von der letzten Entwicklungswerkstatt erzählt hätten, dass er gar nicht anders könne, als mich um die Teilnahme zu bitten. So begeistert hätte er die beiden noch nie erlebt.

9 Jenseits von Planbarkeit

Pflücke die Frucht

Schon einige Tage im Lockdown-Modus, gewann ich immer stärker das Gefühl, dass uns unsere bisherige Sinn- und Menschenorientierung in dieser Krise sehr zugutekam. Noch kurz vor der Pandemie habe ich im Nachgang eines Vortrags auf einem Hotelkongress mit anhören müssen, dass unsere Sicht-, Denk- und Handlungsweisen mancherorts mehr belächelt als ernst genommen werden. Nicht wenige attestieren uns eine sozialromantische Art der Unternehmensführung, die nur möglich ist, wenn es wirtschaftlich gut läuft. »Lass mal ein Gewitter aufziehen, dann fallen die um wie die Fliegen«, vernahm ich noch beim Herausgehen aus dem Vortragssaal.

Mit dem Lockdown zog ein Gewitter auf, und zwar ein ordentliches, und ich war heilfroh, dass wir uns den ersten Erkenntnissen nach nicht in die Reihen der Hoteliers einreihen mussten, die uns mit unserer positiven Art des Bärendiensts bezichtigt und sich über die politischen Entscheidungen in Berlin echauffiert hatten. Natürlich war ich wütend, als uns durch die Regierung die Entscheidung abgenommen wurde, die Hotels selbst zu schließen. Auch habe ich mich darüber aufgeregt, weil ich es nicht einsah, die Rechnung für die Entscheidung anderer zu zahlen. Mal ganz abgesehen von der Angst, das hier gar nicht zu überstehen. Und doch wurde mir bewusst, dass dieses Aufregen nicht zielführend war, wenn es um gute Lösungen ging. Mir half dabei der Gedanke, dass die Regierung auch noch nicht vor einer solchen Situation gestanden hatte, sie hatte sicher versucht, im Sinne der Bürgerinnen und Bürger die besten Entscheidungen zu treffen. Es war meine Verantwortung, aus den Folgen dieser Entscheidungen das Beste zu machen. Doch bis auf das aufbauende Gefühl durch die Mitarbeiter und unsere finanziellen Bordmittel hatten wir noch nichts in der Hand, was unsere Existenz auch langfristig sichern würde.

Gerade anfangs brachten die politischen Entscheidungen nicht die für uns notwendige Klarheit, und auch von den Banken hatten wir noch keine beruhigenden Nachrichten erhalten. Schnell machten wir die Erfahrung, dass langfristiges Planen in diesen Tagen völlig sinnlos war, auch wenn die Banken das von uns erwarteten. Kaum hatten wir überlegt, wie wir mit dieser oder jener Situation umgehen könnten, machte eine neue Information alles wieder zunichte.

Nahezu stündlich wurden wir mit veränderten Rahmenbedingungen konfrontiert. Rahmenbedingungen, in denen das Heute dem Gestern und das Morgen dem Heute oft völlig widersprachen. Beständigkeit und Kontinuität wurden während des Lockdowns rasch zu Fremdwörtern. Die Halbwertzeit der aufpoppenden Informationen wurde vom Rhythmus der digitalen Newsticker bestimmt, und die Aufgabe eines eigens dafür abgestellten Newsticker-Teams bestand darin, die für uns handlungsrelevanten Fakten herauszufiltern.

Doch nach und nach wurde aus dem Blindflug ein »Fahren auf Sicht«, das uns von früher bekannt vorkam. Der Unterschied zum bisherigen Alltag bestand lediglich darin, dass es jetzt ein Virus war, das uns der Planbarkeit beraubte und nicht wie so häufig wir selbst. Gerade in den letzten Jahren war unsere unternehmerische Entwicklung geprägt von wiederkehrenden kleineren und größeren Kalibrierungen, anhand derer wir unseren Aufgabenkompass neu ausrichteten. Dabei arbeiteten wir nicht im (beschränkten) Verständnis von Position und Funktion, sondern im Sinne von praktikablen Lösungen. Lösungskompetenz statt Zuständigkeit war das bei uns vorherrschende Motto in vielen Teams. Im Team Kultur & Entwicklung wurden zum Beispiel alle sechs Monate die Weichen neu gestellt. Hintergrund dafür war, dass wir neu gewonnene Erkenntnisse und Erfahrungen unmittelbar in unser Handeln einfließen lassen wollten. Die in dem Team entstandenen Ideen und Impulse sollten nicht lange diskutiert, sondern ausprobiert werden.

Nicht selten entstanden so Situationen, in denen wir durch unser eigenes Tun den Überblick verloren, uns selbst überholten. Für einen Großteil der Mitarbeiter wurden klar definierte Prozesse, auf die sie sich langfristig einstellen konnten, zu etwas Unbekanntem. Unsere Haltung bestand darin, zu schauen, worauf es im Moment ankommt und wer mit welchen Fähigkeiten und Eigenschaften einen Beitrag dazu leisten kann. So 2017, als wir uns drei Wochen vor Weihnachten dafür entschieden, am 18. Dezember eine multimediale Benefiz-Lesung in Emden ohne größere Planung zu veranstalten. Irgendwer hatte die Idee dazu gehabt, wir trommelten das Team Kultur & Entwicklung zusammen, klärten in einem kurzen Gespräch, ob etwas dagegensprach (nichts), und entschieden uns innerhalb von fünf Minuten für die Umsetzung. Jeder beschrieb kurz, welche Aufgabe er übernimmt, und los ging's. Drei Wochen später fanden sich über 350 Gäste in der atemberaubenden Johannes-a-Lasco-Bibliothek ein, in Emdens schönster Location, und wir hatten einen tollen Abend mit einem hohen Spendenaufkommen für die Hilfsorganisation Emder Tafel.

Vermehrt hatten wir es uns in den letzten Jahren zur Gewohnheit gemacht, uns ohne große Planungen in für uns sinnvolle Projekte zu stürzen. Auch wenn ich häufig die Rückmeldung bekam, dass die von uns gelebte Dynamik und Kreativität manchmal ziemlich nerve, spürten wir zu Anfang des Lockdowns, wofür diese zum Teil extrem anstrengenden Erfahrungsfelder der Vergangenheit nun gut waren: Wir hatten gelernt, aus der Gegenwärtigkeit heraus für uns sinnvolle Aufgaben umzusetzen.

Aber auch das war nicht immer ein bewusster Prozess. Meistens erkannten wir eine sich entwickelnde Sinnlosigkeit erst in dem Moment, wo keiner mehr Lust hatte, sich mit dem Projekt weiter zu beschäftigen. Und dann war es vollkommen normal, es ohne viel Aufhebens loszulassen.

Die Art und Weise, wie wir im Kulturteam miteinander gearbeitet haben, stand nicht selten unter dem Motto: »Pflücke die Frucht, wenn sie reif ist.« Ein bisschen war es wie früher beim Spielen. Plötzlich erweckte etwas meine Aufmerksamkeit, und dann gab es kein Halten mehr, mich damit zu beschäftigen, um mich im nächsten Moment etwas anderem zuzuwenden. Diese kindliche Neugier, dieses sich ständig neu Ausprobieren-Wollen, das Entwickeln neuer Ideen und Ergreifen sich bietender Chancen – all das war für uns die Voraussetzung einer guten Entwicklung: als Mensch, als Unternehmen und jetzt im Lockdown. Ohne zu wissen, wofür es noch gut sein würde, hatten wir in der Vergangenheit Gewohnheiten entwickelt, die uns nun dabei unterstützen, mit diesen sich ständig wechselnden Rah-

menbedingungen umzugehen. Was wir lernten: Auch in einem
Lockdown bedarf es keiner großartigen Projektgruppen, keiner
endlosen Sitzungen oder ellenlanger E-Mails. Was es brauchte,
war Gegenwärtigkeit, Achtsamkeit und aus dem Moment heraus Entwicklungen zu antizipieren. Es ging um Praxis statt Theorie. Begreifen statt verstehen. Gefühl statt Verstand. Für uns
hat der Verstand eher den Stellenwert eines Trostpreises. Aber
der Hauptpreis geht an die Intuition. Weg von starren Strukturen, hin zu Erfahrungsfeldern, in die sich die Menschen eingeladen und einbezogen fühlten, in denen sich ihre Eigenschaften als
Stärken wiederfinden.

Entscheiden, handeln und impfen

Während der Pandemie wurden die Begriffe »Entscheiden« und
»Handeln« zu etwas sehr Elementarem. Eine unserer ersten Entscheidungen war zum Beispiel, dass wir fortan nicht mehr sofort auf Spekulationen, Gerüchte oder Ankündigungen reagierten, sondern erst einmal abwarteten, bis dass die Verordnungen
schwarz auf weiß auf dem Tisch oder im E-Mail-Account lande-
ten. Sich aus dem Zirkus der Spekulationen herauszuhalten war
die beste Entscheidung, auch wenn das oft sehr viel Geduld und
ein dickes Fell abforderte. Denn in dem Moment, wo wir uns für
diese Vorgehensweise entschieden hatten, entstand eine gewisses
Gefühl von Selbstbestimmung, mit dem auch mehr Ruhe und
Gelassenheit in die Teams einkehrte. Wir erlebten bei unseren
Mitarbeitern einen hohen Pragmatismus und eine große Bereitschaft, Entscheidungen zu treffen. Da wurde nicht lange disku-

tiert. Anstatt Bedarfs- erhielt ich Vollzugsmeldungen via Whats-
App oder E-Mail.

Alles lief in einem ungeheuren Tempo ab. Ich erlebte einen
unbändigen Willen bei den Mitarbeitern, es genauso gut wie
einfach statt kompliziert zu machen. Wenn jemand vor der Krise
von mir gefordert hätte, dass wir es binnen achtundvierzig Stunden schaffen müssten, sechzig Hotels und Ferienwohnungsanlagen sowie die Emder Zentrale in einen Stand-by-Modus zu versetzen, unsere Unternehmenskommunikation zu digitalisieren
und unser Reporting auf eine Zahl zu verdichten, hätte ich jeden
ausgelacht und gesagt: «Das geht nicht!» Tatsächlich aber kam
schon am Mittwochabend aus den ersten Standorten die Rückmeldung: »Done – alles dicht!« Es gelang, weil jeder wusste, was
zu tun war, und jedem ermöglicht wurde, sich zu beteiligen. Jeder entschied vor Ort, was und wie am schnellsten alles auf null
gefahren werden konnte. Jeder übernahm angesichts der enor-
men Komplexität und Geschwindigkeit bereitwillig und ohne
ständige Rückversicherung hohe Eigenverantwortung, um mit
richtigen Entscheidungen sinnvolle Lösungen herbeizuführen.
Sehr viele waren erfüllt von diesem Gefühl: Es kommt jetzt auf
dich an!

So wie bei Carsten, der vor vier Jahren als Mitarbeiter einer
Privatbank in unser Finanzteam aufschloss. Er hatte wahrlich keinen leichten Einstieg gehabt, denn die Aufgaben, die wir zukünftig für ihn bei uns sahen, existierten zum Zeitpunkt seines
Eintritts noch nicht. Er ließ sich davon aber nicht entmutigen,
sondern versuchte sich auf ganz unterschiedlichen Erfahrungsfeldern an der Unternehmensentwicklung zu beteiligen und baute
ganz nebenbei im stillen Kämmerlein ein Liquiditätssystem auf,
das uns schon kurz nach Beginn des Lockdowns eine nie vorher
da gewesene Transparenz bescherte. Gleichzeitig fühlte er sich

von Tag eins an dazu berufen, dafür zu sorgen, dass wir sämtliche von der Regierung geschaffenen und für uns interessanten Hilfsangebote auch tatsächlich nutzten. In diesem Kontext hatte er auch ein schönes Bild von seiner Tätigkeit, was seinen Ursprung in der Küche hat und ich als »Pottkieker« überschreiben würde: »Der Staat stellt (Förder-)Töpfe auf den Herd (sprich zur Verfügung), und meine erste Aufgabe besteht darin, in diese hineinzugucken, um herauszufinden, ob das, was die Politik dort zusammengewürfelt hat, auch tatsächlich etwas ist, was uns gerade stärkt. Wenn ja, dann greifen wir zu.«

Carsten war derjenige, der die Verantwortung dafür übernahm, dass uns wieder Geld zur Verfügung stand, falls uns die Bordmittel ausgingen. Letztlich hing von seiner Initiative die Absicherung unseres Unternehmens ab. Er sorgte im übertragenen Sinne dafür, dass wir immer etwas zum Essen auf den Teller bekamen. Und das alles managte er gewohnt gelassen. Ein Fels in der Brandung wohl für viele, aber ganz besonders für mich. Er arbeitete sich in die Antragsstellung ein, koordinierte die Beschaffung aller dafür erforderlichen Informationen und scheute sich nicht davor, selbst in die zeitraubende Detailarbeit einzusteigen. Er sagte: »Mein Auftrag besteht darin, dafür zu sorgen, dass uns das Geld nicht ausgeht. Das ist essenziell. Damit trage ich vielleicht dazu bei, dass wir alle noch drei oder vier Monate länger einen Lockdown überleben können.« Diesen Auftrag hat er sich quasi selbst erteilt. Menschen, die das Gefühl haben, wichtig für jemanden oder etwas zu sein, überwinden sich auch leichter, Verantwortung zu übernehmen.

Bei uns im Unternehmen hat sich über die Jahre nicht nur die Freiheit zum eigenständigen Handeln etabliert, sondern auch die Bereitschaft, Verantwortung zu übernehmen. Das Neue und Unbekannte manövrierte die Mitarbeiter immer wieder in kleine oder große Krisen. Dabei spielte es eine untergeordnete Rolle, ob es sich um die Bewältigung alltäglicher Krisen handelte oder um das Überwinden wiederkehrender, zum Teil massiver Einschränkungen wie in unserem Berliner Hotel. Jedes Annehmen, sich jeder kleinen oder größeren Herausforderung zu stellen, wirkte wie eine Art Impfung. Es hatte das psychische Immunsystem jedes Einzelnen, aber auch das unseres Unternehmens auf noch massivere Krisen vorbereitet. Es sind Erfahrungen wie aus dem Waldkindergarten: Kinder, die draußen in der Natur bei jedem Wetter spielen dürfen, werden seltener krank als jene, die vor allen Gefahren des Lebens abgeschirmt aufwachsen. Der Weg vom Kennen zum Können führt über gemachte Fehler. Und mit Blick auf die Mitarbeiter war ich mir sicher: Hätten wir sie immer nur geschont, wir hätten ihnen die Chance genommen, für sich selbst einzustehen. Hätten sie sich in schwierigen Situationen vertreten lassen, hätte es mich nicht gewundert, wenn wir beim kleinsten Windstoß wirklich umgefallen wären wie die Fliegen. Kein sozialromantischer Kuschelkurs, sondern genau das Gegenteil half uns nun.

Ein Bild sagt mehr als tausend Worte

In den vergangenen Jahren wurden bei uns tonnenschwere Businesspläne und Projektberichte durch die Erarbeitung leicht verstehbarer Erfolgsbilder abgelöst. Erfolgsbilder sind für uns solche, aus denen komprimiert hervorgeht, worauf es uns ankommt. Im Rahmen einer unserer Entwicklungswerkstätten sind wir dazu übergegangen, alle die Gegenwart und Zukunft betreffenden Themen und Strategien als große Graphic Recordings visualisieren zu lassen. Ein einziges Bild, das sich einprägt, ist oft hilfreicher als tausend Seiten Detailwissen, das ich in kurzer Zeit gar nicht erfassen und verarbeiten kann. Also lassen wir Bilder sprechen!

Diese Erkenntnis bewog immer mehr Menschen aus dem Unternehmen dazu, Malkurse bei unserer jahrelangen Partnerin Barbara vom Team Visual Facilitators zu besuchen, um die Ergebnisse von Besprechungen nicht auf großen Textfriedhöfen mit der Bezeichnung »Protokoll« bestatten zu müssen. Daraus ist ein ganzes Arsenal voller kraftvoller Bilder entstanden, dessen Umfang sogar zur Überlegung führte, eine Ausstellung mit ihnen zu machen. Diese Bilder halfen uns jedenfalls dabei, unsere Kursbestimmung mit Mitteln, die jeder versteht, im Auge zu behalten. Denn wir hatten verinnerlicht, dass nur fünf Prozent unserer Verhaltensweisen aus der Ratio entstehen, aber 95 Prozent aus dem Unbewussten, dem Selbst. Und das wiederum besteht aus Bildern, aus inneren Bildern. Also ging es um innere Bilder und die von ihnen ausgehende Kraft.

Wenn ich etwas begreifen will, so sagt man, muss ich mir ein Bild davon machen können. Deshalb hatten wir den Fokus stärker darauf ausgelegt, auch mit Bildern zu arbeiten. Im Spätherbst 2019 hatte ich eine Praktikantin bei mir, eine Regierungsdirektorin aus Nordrhein-Westfalen, die mich für eine Woche begleitete. Als ich ihr am ersten Tag ihres Praktikums sagte, wir würden gemeinsam in einen Visualisierungskurs gehen, schaute sie mich verdutzt an. Was denn das nun wäre, meinte sie, sie wäre ja hier, um zu lernen, wie Führung funktioniert. Zum Malen sei sie eigentlich nicht gekommen … Meine Antwort: »Neben dem Basteln, Singen und Philosophieren gehört auch das Malen zu den wichtigen Führungsinstrumenten.«

Bei der Visualisierung werden Menschen dabei unterstützt, sich ein Bild davon machen zu können, worum es bei einer Aufgabenstellung geht. Ist das Bild entstanden, geschieht Verhalten und Handeln, ohne viel nachdenken zu müssen. Deshalb hatten wir das Thema Bilder ausgebaut und um eine Aufstellungsarbeit ergänzt. Auch dort gibt es den Grundgedanken, dass ein Bild mehr sagt als tausend Worte, wenn man sich bei einer Organisationsaufstellung eine Vorstellung davon macht, wie die Menschen oder die Dinge zueinanderstehen. Sehr häufig haben wir erlebt, dass Mitarbeiter das Bild ihres Entwicklungsprozesses betrachtet haben und die Dinge, die sich in ihm wiederfanden, über kurz oder lang verwirklichten – und zwar ohne im Nachgang bewusst To-do-Listen gemacht zu haben. Der Blick auf das Bild war sehr häufig ausreichend dafür, dass etwas dem Bild Entsprechendes in Bewegung kam.

Am Neujahrstag 2020 hatte ich ein Graphic Recording in meinem schwarzen Büchlein visualisiert, in dem ich versuchte, das aufzumalen, was für mich in diesem Jahr wichtig sein würde. Im Nachhinein war es geradezu magisch, zu erfahren, dass alle sieben Sketchnotes Wirklichkeit wurden. Eine dieser Sketchnotes lässt sich in einer einfachen Formel zusammenfassen: »Zoom > persönliche Besprechung«. Auf der einen Seite zeichnete ich eine Gruppe von Menschen, die zusammensaßen, um sich zu besprechen, während ich auf der anderen Seite einen Monitor skizzierte, in dem sich ein Gesicht mit dem Untertitel »Zoom« wiederfand. Beide Zeichnungen verknüpfte ich mit einem Größer-als-Zeichen. Und auch die anderen Skizzen zeigten mich mit meiner Familie, während die dargestellten Autos, Bahnen und Flugzeuge immer kleiner wurden. Als Formel wäre diese Zeichnung vielleicht wie folgt zu verstehen: »Familie > Geschäftsreise«. Und das »Weniger ist mehr« bestand aus den Symbolen minus gleich plus.

Diese Erfahrung verdeutlichte mir einmal mehr, dass es überhaupt nicht erforderlich ist, sich immer wieder selbst zu ermutigen und aufzuraffen, die »Liste der offenen Posten« oder die »Liste der guten Vorsätze« abzuarbeiten. Es geschieht einfach. Es reicht das Malen und der Blick auf das Gemalte. Auch nach unseren Workshops, die wir in dieser Form dokumentiert hatten, brauchten wir nicht nachträglich irgendwelche PowerPoint-Präsentationen zu verschicken. Denn es gab ja keine theoretischen Vorträge. (Höchstens sagte ich: »Vorsätze pflastern den Weg zur Hölle.«) Alles, was wir taten, hatte stets etwas mit Fühlen zu tun – es gelang sofort ins Selbst und landete nicht im Kopf.

Durch unsere gemeinsam geschaffenen Bilder gewannen wir eine grundsätzliche Einigkeit in dem, worum es uns geht und worauf es uns ankommt. Und selbst wenn uns die Umstände zwischenzeitlich vom Kurs abbrachten, wir im Zickzackkurs durch die eine oder andere Krise schlingerten, führte uns der Blick auf das gemeinsam geschaffene Bild schnell wieder zurück auf den für uns richtigen Weg. Es ging uns auch darum, die von den Bildern ausgehende Klarheit und Kraft zu nutzen, um gegenwärtig zu bleiben und Entscheidungen zu treffen. Denn der Abgleich mit dem Bild zeigt, worum es geht, und der Abgleich mit dem, was die aktuelle Situation gerade hergibt, erfolgt wie von selbst, nahezu automatisch.

Im Gegensatz zu Zahlen, Daten, Fakten und Worten, also Darstellungen, die in erster Linie den Verstand ansprechen, brauchten wir uns im Anblick eines Bilds nicht umständlich um einen Soll-Ist-Abgleich bemühen. Hinzu kam, dass diese verinnerlichten Erfolgsbilder uns gerade dann Orientierung ermöglichten, wenn es im Außen nicht so viel zu erkennen gab, so wie bei unserer Fahrt auf Sicht durch den Lockdown. Die Arbeit mit Bildern unterstützte uns dabei, uns mehr und mehr von aufwendigen Detailplanungen zu lösen, und im Gegenzug fingen wir an,

Entwicklungen ganzheitlich, eher aus der Gefühlsebene heraus in einfachen Bildern zu antizipieren.

Nachdem wir relativ schnell unsere Annahme, die Hotels für ein ganzes Jahr schließen zu müssen, revidiert hatten, versuchten wir uns ein Bild davon zu machen, wie es denn wohl weitergehen könnte. Wir stellten uns vor, die Hotels ab Juli wieder in Betrieb nehmen zu können, hatten aber das Gefühl, dass sich die Situation spätestens im Herbst erneut deutlich verschlechtern könnte. Und so trafen wir aus dem sich daraus entwickelnden Bild für die vor uns liegenden Monate eine Drei-Phasen-Entscheidung:

Die erste Phase umfasste den Zeitraum der kompletten Schließung bis zur Wiedereröffnung aller Hotels und Ferienwohnungen. In ihr ging es darum, alles in einer sehr hohen Geschwindigkeit herunterzufahren, sich einen Überblick über die Bordmittel zu verschaffen und das Maximum an Liquidität aus den Hilfspaketen zu generieren. Die einzig wirklich relevante Kennzahl war dabei die zur Verfügung stehende Liquidität, die mithilfe des Bundes und der Länder so hoch wie nur irgend möglich aufgestockt werden sollte. Unser Grundsatz in dieser Phase: Der Sinn unseres Handelns besteht in der Sicherung unserer wirtschaftlichen Existenz. Das Bild, welches in dieser, aber auch in der folgenden Phase immer wieder Verwendung fand, war das des Kornspeichers.

Die zweite Phase sollte dann den Zeitraum der Wiedereröffnung bis zu dem Punkt, an dem ein Impfstoff zur Verfügung steht, erfassen. Wann auch immer das sein sollte. Zugleich müssten wir uns darauf einstellen, die Hotels und Ferienwohnungen jederzeit wieder zu schließen. Die Wahrscheinlichkeit, dass dies ab November so sein würde, schätzten wir als besonders hoch ein. Aus diesem Grund würde auch in dieser Phase der weiter bestehenden Unsicherheit das ausdrückliche Ziel gelten, die Zeit der Wiedereröffnung dafür zu nutzen, die zur Verfügung stehende Liquidität als Vorbereitung auf den nächsten Lockdown zu maximieren. Es würde darum gehen, das Maximum an Liquidität aus jedem Tag herauszuholen. Jede einzelne Entscheidung würde darauf ausgerichtet sein müssen, unseren Kornspeicher wieder zu füllen. Überdies würde es nach einer möglichen Freigabe durch die Politik sehr wichtig werden, sich nicht von der Euphorie, die mit einer Wiedereröffnung einhergehen würde, blenden zu lassen, sondern den weiteren Weg genauso achtsam wie wachsam und wohlkalkuliert wie in der ersten Phase zu beschreiten. Ein weiterer Grundsatz spielte dabei eine wichtige Rolle: »Nur weil etwas möglich ist, heißt das noch lange nicht, dass es auch sinnvoll ist.« Alles was sich nicht lohnen würde, würde von uns nicht angefasst werden, und nur weil wir vielleicht die Möglichkeit dazu bekommen, etwas zu tun, hieße das noch lange nicht, dass es uns auch sinnvoll erscheint. Gemeint waren damit politische Entscheidungen, die uns vielleicht eine Wiedereröffnung ermöglichten, aber unter Einhaltung potenzieller Restriktionen in unserem Sinne nicht sinnvoll erschienen. Wir formulierten sehr klar, welche Rahmenbedingungen bestehen müssten, bevor wir die Hotels tatsächlich wieder ans »Band« nahmen.

Die dritte Phase sollte erst dann beginnen, wenn wir absolut sicher sein konnten, dass keine kurzfristigen Schließungen mehr drohten. Als Kriterium für den Beginn dieser letzten Phase wählten wir die flächendeckende Verfügbarkeit eines wirksamen Impfstoffs. Mit ihm würden wir wieder in den sicheren Normalbetrieb übergehen, in dessen Weiterentwicklung wir die während der Pandemie gemachten Erfahrungen einfließen lassen wollten. In dieser dritten Phase würde es dann auch darum gehen, den für die Phasen I und II modifizierten Grundsatz der wirtschaftlichen Sicherung wieder zurück in die Ursprungsvariante unserer Upstalsboomer Sinnthesen zu führen: Die Wirtschaftlichkeit ist nicht der Sinn unseres Handelns, sondern nur die Basis unserer Existenz.

Dein Wille geschehe

Ein weiteres Mal stand ich auf der Terrasse unseres Besprechungsraums und schaute auf die Wallanlage meiner Heimatstadt. Würde unser Team, so dachte ich, würden unsere bisher gewonnenen Ergebnisse, Erkenntnisse und schon eingeleiteten Maßnahmen ausreichen, um die Interventionen, die dieser durch das Virus bedingte Lockdown mit sich brachte, abzuwehren? Waren unsere »Wälle« so stark wie die der Emder Anlagen im Dreißigjährigen Krieg? Würden sie standhalten? Wer konnte das sagen, wenn man nicht wusste, was auf uns zukam? Keiner wusste das. Noch befanden wir uns in der ersten Phase, und es war völlig unklar, wann diese zu Ende sein würde und ob wir dieses Ende überhaupt als Teams eines noch existierenden Unternehmens erleben würden.

In den ersten Tagen hatte ich versucht, die Teams und das Unternehmen so gut wie mir nur irgendwie möglich durch die Krise zu führen. Ich moderierte, stellte Fragen, gab Impulse und bemühte mich, nicht nur das Gesagte zu hören, sondern auch das wirklich Gemeinte. Meine Hauptaufgaben bestanden darin, gute Gründe zu vermitteln, Perspektiven zu schaffen, Bilder zu gestalten, für Klarheit zu sorgen und Entscheidungen herbeizuführen. Es ging darum, einen Raum zu schaffen, in dem jeder das Gefühl hatte, dass es auf ihn oder sie ankommt. Einen Raum, in dem eine gute Verbindung zwischen allen Beteiligten bestand und jeder seine Fähigkeiten so einbringen konnte, dass es zur Lösung der krisenbedingten Aufgaben beitrug. Es ging um das Schaffen von Rahmenbedingungen, die für das sich aus dem Team heraus entwickelnde Handeln gut waren, die dazu beitrugen, dass jeder genau wusste, was er tat und wo er dafür Unterstützung bekam.

Ich war froh, dass aus Betroffenen Beteiligte wurden. In Windeseile hatten wir unsere bisherigen Strukturen gestrafft, aber das wirklich Entscheidende war unsere Haltung gewesen und die Abkehr von der vom Wettbewerb geprägten Leistungsgesellschaft, in der die Menschen im Unternehmen als Mittel zum Zweck dafür angestellt werden, ein möglichst hohes Ergebnis zu erzielen. Und ich war froh, dass wir uns dafür entschieden haben, das Unternehmen, die Wirtschaft, als Mittel zum Zweck dafür anzusehen, Menschen zu stärken. Das war unser Auftrag als Führungskräfte.

Ich hatte das Gefühl, dass wir diesen Auftrag bislang gut erfüllt und dass wir alles bisher in unserer Macht Stehende getan hatten, um ein Unheil für alle abzuwenden. Aber mir war auch klar, dass unser Dazutun nur ein Bruchteil dessen sein konnte, welchen Weg wir aus der Krise nehmen und wie wir am Ende dastehen würden. Zu groß schienen mir die Abhängigkeiten von Faktoren und Entwicklungen, die wir nicht beeinflussen konnten und denen wir ausgeliefert sein würden. Was immer auch geschehen würde, sagte ich mir, die Art und Weise, wie wir diesen Weg gehen und letztlich mit dem Ergebnis umgehen würden, ist und bleibt eine Frage der Haltung. Und die Frage, der ich mich angesichts des völlig offenen Ausgangs unweigerlich stellen musste, war: »Was ist, wenn wir alles verlieren?«

Bildprotokoll des Corona-Online-Impulses vom 14. Mai 2020

TEIL III
Vision für die Zukunft

10 Was, wenn wir alles verlieren?

In guten wie in schlechten Zeiten

Als ich nach der ersten Krisenwoche noch unter dem Einfluss dieser nach wie vor völlig surrealen Situation nach Hause kam und mich aufs Sofa setzte, wurde mir bewusst, wie aufgewühlt und erschöpft ich war. Eine Besprechung hatte die andere abgelöst, mit Mitarbeitern, Banken, Versicherungen, Politikern, Geschäftspartnern und befreundeten Kollegen aus der Hotellerie. Es waren Tage gewesen, die ausgefüllt waren mit schnellen Reaktionen und Entscheidungen, die nicht zuließen, dass ich mich intensiver mit der Frage beschäftigte, was da eigentlich geschah. Ich funktionierte einfach nur. Jetzt fiel mir auf, wie sehr ich mit dieser Krise auf unternehmerischer Ebene gerungen hatte – ich hatte mich aber überhaupt noch nicht essenziell mit ihr auseinandersetzen können. Es war ihre Existenz an sich, auf die ich noch kein Augenmerk gerichtet hatte. Jede Minute hatte ich alles eingebracht, von dem ich glaubte, dass es uns im Umgang mit den Folgen dieser Krise weiterbringt. Dass die Krise vielleicht nicht zu überwinden war und alles uns Bekannte womöglich dem Unbekannten weichen musste, hatte ich in der operativen Hektik ausgeblendet. Im Eifer des Gefechts hatte ich nicht einen Gedanken daran verschwendet, was wäre, wenn all unser Tun nicht ausreichen und alles den Bach hinuntergehen würde.

Eigentlich hätte ich total stolz sein müssen auf das, was alle mit vereinten Kräften erreicht hatten. Vieles war auf die Bahn gebracht worden. Dennoch spürte ich Unmut in mir aufsteigen. Hier, zu Hause auf dem Sofa, sackte ich innerlich erneut zusammen. Angst und Verzweiflung übermannten mich, aber auch Gefühle wie Ohnmacht und Wut. Allerdings nicht so intensiv wie am letzten Sonntag, denn dafür fühlte ich mich zu sehr ausgelaugt.

Wir hatten alles getan, und doch würden es die Entscheidungen anderer sein, die auf den Umgang mit der Krise und ihren weiteren Verlauf Einfluss nahmen. Es waren Virologen, Politiker, Behörden und das Virus selbst, die den Takt vorgaben für einen Marsch, den ich nachzuspielen hatte, ob ich nun wollte oder nicht. Ich dachte darüber nach, dass es für mich in dieser Woche unzählige Situationen gegeben hatte, in denen ich mich genauso gefühlt hatte wie unzählige Mitarbeiter auf dieser Welt ihr ganzes Leben lang, der Willkür ihrer Chefs ausgeliefert. Da gab es Politiker, die etwas entschieden, und wenn ich in den Ämtern nachfragte, was das konkret zu bedeuten hätte, gab es nur ein Schulterzucken: keine Ahnung. Während die Politiker in der Öffentlichkeit lauthals die Kraft ihrer Geld-Bazookas verkündeten, erfuhren wir nach wie vor eine sehr beängstigende Zurückhaltung bei manch einem unserer Finanzpartner. Wie häufig war es wohl den Menschen in unserem Unternehmen ergangen, wenn ich etwas in die unterschiedlichen Unternehmensbereiche hinausposaunt hatte, ohne im Vorfeld dafür gesorgt zu haben, dass alle abgeholt wurden? Darauf gab es nur eine Antwort: zu oft.

Und nun fühlte ich mich den Großen und Mächtigen der Wissenschaft und Politik genauso ausgeliefert wie manche Mitarbeiter wohl im Umgang mit mir. Ich empfand Ohnmacht. Wieder einmal mehr wurde mir bewusst, dass ich über das, was geschieht, keine Kontrolle hatte. Alles andere wäre eine Illusion, von der ich noch viel zu häufig mein Wohlbefinden abhängig machte.

Ich hatte keinen Einfluss darauf, in welche Familie ich hineingeboren wurde. Weder auf meine Veranlagung noch auf meine Prägung hatte ich Einfluss. So konnte ich als Kind nicht darauf einwirken, welchen Lehrern oder Trainern ich begegnete und welche mich für meine Entwicklung förderlichen oder hinderlichen Werte, Haltungen und Glaubenssätzen prägten. Und auch im weiteren Leben waren mir immer wieder Menschen begegnet, die einen ungeheuren Eindruck auf mich machten. Da war zum Beispiel mein Aufeinandertreffen mit Volker S., der sich zwei Jahre später als Drahtzieher meiner Entführung entpuppte. Oder sechs Jahre danach die Begegnung mit Claudia, die mir als Frau meines Lebens eine Tür in ein für mich ganz neues Dasein voller Verbundenheit und Liebe öffnete und uns drei Kinder schenkte. Ein Mittagessen mit unserem langjährigen Versicherungsmakler Michael Sprengel im Jahr 2009, bei dem er mir von einer Tour nach Nordafrika berichtete, die er und sein Team unternommen hatten, um Schulen zu bauen. Diese beiläufige Information, die auch mich inspirierte, aber erst einer weiteren Begegnung Jahre später mit Reiner Meutsch von der Stiftung Fly&Help bedurfte, bevor dann auch wir damit anfingen, Schulen in Afrika zu bauen, in Ruanda. Und auch diese Begegnung war abhängig von dem Telefonat mit Ullrich Kastner, einem Vertriebspartner, der mir einen konkreten Hinweis auf die Stiftung gab. Das Zusammentreffen mit der Redakteurin Elke Birke 2010, die mich ins Klosterseminar zu Pater Anselm Grün führte.

Auf all diese Begegnungen hatte ich keinen Einfluss. Ich habe keinen Einfluss darauf, welche Menschen mir begegnen, aber jede Begegnung hat Einfluss auf meinen Lebensweg. Zumindest dann, wenn ich die in einer Begegnung liegenden Chancen ergreife. Auch habe ich keinen Einfluss darauf, welche Krankheiten, Schicksalsschläge oder andere Impulse mich erfassen. Der Absturz meines Vaters mit seinem Flugzeug, die Inhalte eines bestimmten Buchs oder auch nur die Überschrift eines *Spiegel*-Artikels über das Karriereende des Fußball-Nationalspielers André Schürrle: »Ich brauche keinen Beifall mehr« – manchmal sind es Kleinigkeiten, die zum Auslöser einer größeren Sache werden. Die Schürrle-Überschrift zum Beispiel befreite mich von einer Last, die ich mal stärker, mal schwächer gespürt hatte. Sie befreite mich davon, dass ich mich auf der Suche nach Anerkennung viel zu häufig und viel zu schnell durchs Leben hetzen ließ. Diese Überschrift übernahm ich einfach für mich, und ich tat nichts mehr, nur um die Bestätigung anderer zu bekommen.

Wem auch immer wir begegnen, was auch immer um uns herum geschieht, liegt nur selten in unserer Macht. Und so war es auch mit dem neuartigen Virus. Wir hatten nichts unter Kontrolle, und nun ging es darum, nach der Kontrolle nicht auch noch die Nerven zu verlieren.

Was mich aber emotional an diesem Abend so aufwühlte, war, dass ich kein Ende angesichts der sich ständig verschärfenden Entwicklung sah. Ich fing an zu zweifeln, ob all unsere Anstrengungen und Fähigkeiten ausreichend wären, unser Unternehmen und die vielen Existenzen, die daran hingen, über die nicht vorhersehbare Zeit zu bringen. In der Hoffnung, mehr Klarheit zu gewinnen, fing in an, mich durch die Nachrichtenkanäle zu zappen. Doch mit jedem Bericht wurde ich noch mutloser, noch ängstlicher. Mich erfasste eine tiefe Ratlosigkeit angesichts des Elends auf der ganzen Welt. Es schien, als würde alles unaufhaltsam zusammenbrechen. Zugleich regten mich aber auch die unsäglichen Spekulationen auf, dieses Hätte, Wäre, Könnte, sowie die sich ständig wiederholenden Fragen, die ohnehin niemand beantworten konnte. Nur in den seltensten Fällen ging es um eine sachliche, den Menschen helfende Berichterstattung. Stattdessen wurde unter dem Deckmantel der Betroffenheit jedes Quäntchen Elend herausgestellt. Fast schien es so, als gab es da eine Lust an neuen Rekorden: noch mehr Infizierte. Noch mehr Tote. Über das, was gut lief, wurde überhaupt nicht berichtet. Anstatt Menschen zu ermutigen, selbst Verantwortung zu übernehmen, ging es gefühlt mehr um die Prophezeiung eines anstehenden Armageddon.

Ich dachte: Auch wenn ich wenig Einfluss auf das habe, was um mich herum geschieht, auf das Abschalten des Fernsehers habe ich Einfluss. Ich schaltete das Gerät ab und saß einfach nur da, auf dem Sofa, mit meinen diffusen Gefühlen. Ich spürte, wie mich eine Art Schüttelfrost ergriff und ich meinen Tränen nicht mehr Einhalt gebieten konnte. Es geschah, ohne einen Gedanken gefasst zu haben. Es schien, als suchten sich die während der Woche aufgestauten Emotionen nun ein Ventil. Ich ließ es zu. Alles musste raus. Claudia ließ mich dieses Mal nicht in Ruhe, sondern setzte sich zu mir und nahm mich in den Arm. Sie schuf damit einen Raum, in dem ich meine Emotionen loslassen konnte. Dieses »Alles darf sein« schenkte mir Sicherheit und Verbundenheit. Doch inmitten dieser Geborgenheit loderte erneut die Angst auf, all das zu verlieren, was wir uns gemeinsam über die ganzen Jahre aufgebaut hatten.

So oft hatte ich meine Reflexionen über meine Entführung mit ihren Scheinhinrichtungen mit dem Gedanken abgeschlossen, mein Glück an nichts zu hängen, was mir genommen wer-

den könnte: Wohnung, Auto, teure Klamotten … Im immer
wiederkehrenden Angesicht des Todes verloren diese vermeintlich Glück bringenden Dinge sehr schnell an Bedeutung. Doch
das, was damals bis zu dem Moment blieb, in dem ich mein
Bewusstsein unter dem betäubenden Einfluss mir verabreichter
Medikamente verlor, waren die Erinnerungen an die Menschen,
die ich liebte, die Momente, in denen ich gemeinsam mit ihnen
etwas erleben durfte. Doch jetzt, über zwanzig Jahre später, saß
ich hier und hatte Angst, unseren Wohlstand zu verlieren.

Damals ging es um die Angst, mein Leben zu verlieren. Und
hatte sie überwunden, nachdem ich mich entschieden hatte, den
Tod anzunehmen. Plötzlich wurde alles ganz leicht. Später hörte
ich Interviews mit Soldaten, die dazu befragt wurden, wie sie
es geschafft hätten, ihren Kriegseinsatz emotional unbeschadet
zu überstehen. Die meisten von ihnen antworteten, dass sie sich
dazu verpflichtet hatten, bereit dafür zu sein, ihr Leben zu verlieren. Wie ich hatten auch sie sich auf den Tod eingestellt und kamen so durch die schwere Zeit. Es schien fast so zu sein, dass die
Bereitschaft, etwas loszulassen, auf etwas zu verzichten oder anzunehmen, eine Bedingung dafür ist, gut durch stürmische Zeiten zu kommen. Und auch jetzt, im Lockdown, würde es wieder darum gehen, die Ereignisse, die ich nicht ändern kann, zu
akzeptieren. Es ging darum, anzunehmen, was von dieser Situation übrigbleibt, nachdem wir alles versucht haben sie zu meistern. Ich musste mich darauf einstellen, alles zu verlieren. Es ging
darum, sich auf Zahlungsunfähigkeit, Insolvenz, Haftung, Schul-
den, Zwangsvollstreckungen und Verlust des privaten Vermö-
gens vorzubereiten. Nur war ich dieses Mal nicht allein. Dieses
Mal ging es nicht nur um mein Leben.

Ich schaute Claudia an und fragte sie: »Was ist, wenn uns alles genommen wird?«

Nach einigen Momenten der Stille sagte sie: »Solange wir uns als Familie haben, ist alles gut.«

Ihre Worte hatten eine unglaubliche Wirkung. Ich spürte eine unglaubliche Kraft, und in genau diesem Moment verinnerlichte ich einmal mehr den Wert einer anderen Antwort, zu der wir uns im Juni 2006 auf dem Leuchtturm der Insel Wangerooge bekannt hatten: »In guten wie in schlechten Zeiten!«

Die gemeinsame Selbstvergewisserung hinterließ nicht nur ein gutes Gefühl, sondern war auch eine sehr wichtige Erkenntnis auf dem Weg durch diese Krise: Claudia und ich hatten ein gemeinsames Verständnis davon, was uns Sicherheit schenkt. Und das war für uns unsere Familie, unsere Gemeinschaft in Verbundenheit mit Menschen, die wir bedingungslos lieben. Das war das, wofür wir mit aller Entschlossenheit bereit sein würden, uns einzusetzen. Was mir Claudias Selbstverständnis aber auch zeigte, war, dass unser gemeinsames Lebensglück nicht von Statussymbolen, Macht oder Anerkennung abhängt, davon, wie angesehen, wie arm oder reich wir wären. Sie bekräftigte mit ihrer Aussage, dass wir dazu bereit und in der Lage wären, bei diesem gesellschaftlichen Wahnsinn des Höher, Schneller und Weiter nicht mehr mitmachen zu müssen. Das Einzige, was meine Frau noch nachschickte, war, dass sie sich zum Schutz der Familie ein festes Dach über dem Kopf wünschte, dass wir nicht heimatlos werden würden, weil Kinder ein Zuhause bräuchten. Und ein Fahrrad.

Der Abend endete für mich voller Zuversicht. Denn Claudia und ich wussten, dass wir selbst bei einem Totalverlust wieder aufstehen und das Beste aus dem machen würden, was geblieben ist. Wir waren uns einig darin, dass wir für uns als Familie immer eine Lösung finden würden. Ganz im Sinne der friesischen Freiheit und dem im 13. Jahrhundert ausgerufenen Wahlspruch »Lieber tot als Sklave«.

11 Morgenstille III

Wenn du weißt, dass nichts bleibt, wie es ist, wirst du nicht darauf beharren, an etwas festzuhalten. Wenn du dich vor dem Sterben nicht fürchtest, gibt es nichts, was du nicht erreichen kannst.
Tao Te King

Der Nachrichtensprecher

An diesem Abend wurde mir nochmals bewusst, dass die Herausforderungen in einer Krise besonders durch die Identifikation mit materiellen Dingen entstehen. Bevor ich jedoch tatsächlich einschlief, fasste ich einen endgültigen Beschluss: Nachrichtenfasten! Nicht länger wollte ich mir den Overkill des Schrecklichen antun, nie wieder wollte ich vor dem Schlafengehen die Nachrichten scannen. Ich wollte meine Aufmerksamkeit auf das richten, was mir und anderen Menschen Mut macht.

Am nächsten Morgen schlief ich länger als gewohnt. Entgegen der letzten Nächte hatte sich mein Körper offensichtlich et-

was von dem zurückgeholt, was ihm in der letzten Woche verloren gegangen war. Ruhe und Erholung. Als ich aufwachte,
dachte ich über ganz unterschiedliche Formen der Berichterstattung nach. Und selbst als ich auf dem Meditationshocker saß,
überlegte ich, dass es sich mit den täglichen Nachrichten ein
bisschen so verhält wie mit den mich permanent erfassenden Gedanken. Wie jeder Nachrichtensender gibt auch jeder Gedanke
vor, gerade ganz besonders wichtige Informationen bereitzustel-
len. Beide versuchen alles dafür zu tun, um meine volle Aufmerksamkeit zu bekommen. Beide werden zur Qual, wenn ich
mich von ihnen beherrschen lasse. Beide versuchen aus Sach-
verhalten manchmal Probleme zu machen, wo in Wirklichkeit
vielleicht gar keine sind. Aber Probleme, das wissen sie, erhöhen
die Aufmerksamkeit. Beiden ist der jetzige Moment nie genug.
Lieber entführen sie uns zu »brisanten« Themen der Vergangenheit oder versuchen sie zumindest aufzuwärmen, um uns weiter
zu fesseln. Oder aber sie entführen uns in die Zukunft, bedienen
sich dafür irgendwelcher Spekulationen, potenzieller Bedrohungen oder schräger Behauptungen. Hauptsache Aufmerksamkeit.
   Beide insistieren darauf, dass das Übel, das Schlechte und Negative in dieser Welt überwiegt. Beide sind Großmeister darin,
Menschen und Situationen zu etikettieren. Der größte Teil davon ist überflüssig, energieraubend und nicht wirklich betrach-
tens- oder denkenswert. Bei beiden würde es keinen Sinn machen, gegen sie anzukämpfen, denn sie würden dadurch nur
noch stärker werden. Klar ist aber auch, dass weder die Nachrichten noch unsere Gedanken das Problem sind, sondern nur
unser Umgang mit ihnen. Tatsächlich liegt es in unserer Hand,
ob wir ihnen folgen, uns von ihnen gefangen nehmen, ent- oder
verführen lassen, uns mit ihnen identifizieren – oder sie nur dann
nutzen, bewusst und aktiv, wenn wir sie wirklich brauchen. Wie

Werkzeuge, die wir dann in die Hand nehmen, wenn wir etwas bauen oder reparieren wollen, aber sie auch wieder zurücklegen, wenn wir sie nicht mehr benötigen. Weiter dachte ich an einen Nachrichtensprecher, mit dessen Gesicht ich der Quelle meiner Gedanken eine Identität geben und dem ich bei Bedarf Hausverbot erteilen oder ihn mit einer imaginären Fernbedingung abschalten konnte. Ein zusätzliches Bild, das mir bei meiner morgendlichen Meditation half, mich von der Last der Gedanken zu befreien.

Aber da gab es noch etwas, was ich in die Reihe der Dinge einfügte, die alles dafür tun, um unsere Aufmerksamkeit zu bekommen, und die sich an unseren Geist anheften wie Teer am Fuß beim Spazierengehen am Strand. Sie lassen uns glauben, dass unser Glück von ihnen abhängt. Diese Dinge können aber nicht halten, was sie versprechen – was nur dazu führt, dass wir immer mehr wollen, um doch wieder enttäuscht zurückzubleiben oder uns zu beschweren, obwohl wir es haben. Sie gaukeln uns vor, so wichtig und machtvoll zu sein, dass wir dafür unsere Gesundheit opfern, Menschen, die wir lieben, verlassen oder aber die Welt, in der wir leben, zerstören. Ständig beschäftigen sie uns, halten unseren Geist gefangen und machen uns Angst, wenn uns droht, sie zu verlieren. Und diese Dinge sind unser materieller (Über-) Wohlstand. Und für sie gilt der gleiche Umgang wie mit unseren Gedanken oder den täglich auf uns einprasselnden Nachrichten. Es gilt, uns nicht von ihnen beherrschen zu lassen, sondern sie zu beherrschen, unser Glück nicht an sie zu hängen, sondern sie gegen etwas auszutauschen, was uns wirklich trägt. Für mich ist es das Leben an sich, und zwar in einer Gemeinschaft mit Menschen, die ich bedingungslos liebe.

Nach meiner Zeit in der Stille machte ich mich auf, um mit Parlo spazieren zu gehen. Es war ein wundervoller Morgen, die

Luft frisch und klar, und über den Weiden standen noch vereinzelte Nebelfelder, die aber im Gegenlicht des Sonnenaufgangs sich aufzulösen begannen. Eine wundervolle Stimmung. Es war Frühlingsbeginn. Ich stand auf einer Brücke, die über einen der vielen Kanäle Emdens führte und auf die ich immer ging, um mir von hier aus die wunderschöne Landschaft meiner ostfriesischen Heimat anzuschauen. Dabei formulierte ich einen Satz, den ich mir bis heute immer wieder als eine Art Mantra vor Augen führe:

Ich freue mich über das, was ich sehe,
mehr als über das, was ich besitze.
Ich gönne anderen, was sie haben, und bin dankbar dafür,
dass ich das nicht brauche, um glücklich zu sein.
Ich habe schon genug Applaus in meinem Leben bekommen.
Mit diesen Gedanken kann ich gelassen durch den Tag gehen.

In der Mitte entspringt ein Fluss

Nach meinem Spaziergang und den Eindrücken dieser wunderschönen Landschaft entschied ich mich an diesem Wochenende nach sehr langer Zeit mal wieder dazu, fischen zu gehen. Früher liebte ich diese Ausflüge in die Natur, liebte es, mich mit ihr zu verbinden. Das Wasser war immer eine gute Alternative zu meiner morgendlichen Stille, und besonders dann, wenn es in mir oder um mich herum zu laut und eng wurde, griff ich auch spontan zu meinen stets parat stehenden Angelsachen und zog los. Egal zu welcher Tageszeit, egal bei welchem Wetter. Es konnte durchaus geschehen, dass ich, selbst wenn wir Besuch hatten, das Gefühl bekam, dass der mir gerade zu viel war, und ich mit dem Kommentar »Ich muss noch kurz los« aufstand und ging. Claudia nannte das dann »Fluchtangeln«, und wahrscheinlich brachte dieses Wort es auf den Punkt, denn mit dem ersten Schritt in die Natur flüchte ich aus der lauten Welt ins tatsächliche Leben. In dem Moment, in dem ich mit der Natur verschmolz, fühlte ich mich frei, denn das Erleben dessen, was ist, befreite mich von Zeit und dem Denken. Beim Fischen, egal ob im, am oder auf dem Wasser, fühlte ich mich wieder wie ein Kind, das alles um sich herum vergaß. Es war das Einssein mit dem Tun, was mir das Gefühl grenzenloser Freiheit schenkte, und nicht selten vergingen unzählige Stunden, ohne dass ich mir selbst darüber bewusst wurde, bevor ich dann irgendwann wieder nach Hause kam.

Aber dieses Freiheitsgefühl beim Angeln ging nach und nach verloren. Es begann damit, dass ich anfing, mehr das Ergebnis als das Erlebnis im Blick zu haben. Alles, was ich vor, während und nach dem Angeln machte, richtete sich mehr und mehr darauf, möglichst viele oder große Fische verwerten zu können. In der Folge endeten immer öfter meine Ausflüge im Stress, mit Frust, hatte Ärger mit der Familie, weil ich das rechte Maß aus den Augen verloren hatte. Dadurch, dass ich mich auf »Produktivität« eingeschossen hatte, verflüchtigte sich die Leichtigkeit, und mein Hobby artete in eine tonnenschwere Materialschlacht aus, mit der ich nur zwei Ziele verfolgte: Leistung und Effizienz. Einzig ging es darum, in noch kürzerer Zeit noch mehr Fische zu fangen. Ständig schielte ich mit einem Auge auf bessere Ergebnisse, schaffte mir unendlich viel Zeugs an, allen möglichen Schnickschnack. Ich verfiel den Aussagen der Angelindustrie: »Wenn du diesen Köder kaufst, wirst du den Fisch deines Lebens fangen.

Und zwar sehr schnell!« Also erwarb ich über Jahre, was es zu kaufen gab. Doch mit jedem neuen Köder verlor ich etwas von der Freiheit, die mir mein Hobby so lange geschenkt hatte.

Einmal wollte meine Frau meinen ausufernden Angelfundus zur Seite räumen, was dazu führte, dass ich meine heiligen Sachen in einem Schuppen verstaute und abschloss. Da durfte dann niemand mehr außer mir rein. Nur ich hatte den Schlüssel. Als wir dann in unser neues Haus umziehen wollten, staunte ich nicht schlecht, was sich da alles angesammelt hatte. Es erschien mir unmöglich, noch schnell einiges auszusortieren, und so verstaute ich alles auf einen riesigen Anhänger und stellte ihn samt der Angelsachen in einer beim Nachbarn angemieteten Garage unter. Im neuen Haus hätten wir niemals den Platz für das ganze Zeug gefunden.

Und so fand ich meine Angelsachen noch wie am Tag des Umzugs in der Garage unseres Nachbarn vor, als ich sie an diesem Wochenende nach langer Zeit aufsuchte. Ich weiß nicht, ob es an der Gesamtsituation lag oder an dem Gespräch mit Claudia am Vorabend, aber als ich die Tür der Garage öffnete, erschrak ich und schaute entsetzt auf diesen gigantischen Anhänger voll Angelzeugs. Ich sah diesen unglaublichen Überfluss, das völlig Unverhältnismäßige, und was mich besonders bestürzte, war die Art und Weise, wie ich die ganzen Sachen auf dem Hänger zusammengepfercht hatte. Das, was ich dort erblickte, hatte weder etwas mit Wertschätzung zu tun noch mit der Liebe und Freiheit, die mir mein Hobby im Einklang mit der Natur so lange beschert hatte. »Was stimmt mit dir nicht?« Diese Frage schoss mir als Erstes durch den Kopf. Aber das war nicht die einzige, und ich setzte mich auf den Boden der Garage und dachte darüber nach, wie es hatte dazu kommen können und an welcher Stelle meines Anglerlebens ich falsch abgebogen war.

Meine Gedanken führten mich in verschiedene Richtungen. Die eine zum Wandel vom Erlebnis zum Ergebnis. Ich versprach mir von dem Erreichen eines bestimmten Ergebnisses ein größeres Wohlbefinden. Mehr Fisch, mehr Glück. Doch irgendwie schien die Rechnung nicht aufgegangen zu sein, denn so wie ich hier auf dem Boden der Garage saß, war ich alles andere als glücklich. Das Gegenteil war der Fall. Ich fühlte mich ziemlich beschissen. Offensichtlich hatte ich das Gefühl endloser Freiheit beim Angeln in dem Moment verspielt, als es nur noch darum ging, am Ende des Tages mit einem ordentlichen Fang nach Hause zu kommen. Oder Fotos meiner Fische mit denen anderer Angler vergleichen zu wollen. Doch in dem Moment, wo das Angeln für mich lediglich Mittel zum Zweck wurde, ging die Freude verloren.

Wenn ich mit dem, was ich tue, etwas bezwecken will, entsteht Druck. Und dieser Druck manifestiert sich in unterschiedlichsten Ausprägungen, bis hin zu einem mit Angelsachen vollgestopften Anhänger. Wenn ich aber etwas bedingungslos tue, ist die Wahrscheinlichkeit eher gering, dass ich mich unter Druck gesetzt fühle. Wobei das Gefühl, unter Druck zu stehen, ein Hinweis darauf sein könnte, dass ich das, was ich mache, unbewusst als Mittel zum Zweck für das Befriedigen meiner Leidenschaften verwende – und zwar Leidenschaften wie Ehrgeiz, Ehrsucht, Perfektionismus, Profilierung oder Maßlosigkeit. Leidenschaften sind Eigenschaften, die Leiden schaffen, war ein Satz, den ich mir irgendwann mal im Kopf zurechtgezimmert hatte. Genauso gut können ein zu hoher Anspruch an sich selbst, ein zu ideales Selbstbild dazu führen, dass wir uns unter Druck setzen oder uns unter Druck gesetzt fühlen. In der chinesischen Philosophie des Daoismus gibt es dazu eine Aussage: Wird es anstrengend, ist immer das Ego im Spiel.

In diesem Moment auf dem Boden der Garage wurde mir klar, dass ich zwischenzeitlich auch beim Angeln meinem Ego auf den Leim gegangen war und noch einige Fragen zu klären hatte. Aber mir wurde auch bewusst, dass mir diese nie ausgehen würden. Wichtig war nur, und das hatte ich von Pater Anselm Grün erfahren, dass ich mich bei allem mit Güte betrachten sollte. Denn niemand kann uns so endgültig und tödlich verletzen wie wir uns selbst, wenn wir uns nicht verzeihen.

Im Dialog mit den Dämonen

Beim Meditieren versuche ich nicht auf das Gedankenkarussell aufzusteigen, auf dem wir Menschen uns im Alltag immer wieder drehen, ganz besonders dann, wenn es mal wieder nicht rundläuft in unserem Leben. Die Quelle negativer Emotionen entspringt irgendwo in unserer Vergangenheit. Auf dem Weg zu mehr Gelassenheit hilft mir das Bewusstwerden, weshalb ich mich so verhalte, wie ich mich verhalte. Hilft mir, Antworten darauf zu finden, wieso eine Situation oder ein Mensch negative Gedanken und Gefühle in mir auslösen.

Die Wurzeln unserer Lebens-, Denk- und Verhaltensmuster finden wir nicht selten in unserer Kindheit. Und bei jedem von uns finden sich dort geistige, seelische oder sogar körperliche Verletzungen, die uns Mitmenschen irgendwann bewusst oder unbewusst zugefügt haben. Verletzungen, die uns in unseren Bedürfnissen nach Freiheit, Verbundenheit, Wachstum und Lebenslust gestört haben. Viele Kinder wachsen zum Beispiel mit dem Gefühl auf, nichts wert zu sein, weil ihre Eltern ihnen das mit

Aussagen wie »Das kannst du nicht, das schaffst du eh nie!« vermittelt haben. Und wenn sie keinen Weg finden, sich von diesen Mustern zu befreien, stehen sie auch später als Erwachsene lebenslang unter dem Druck, nicht zu genügen und ihren Wert über Leistung beweisen zu müssen, um Liebe und Anerkennung zu erhalten. Und das tun sie, indem sie möglichst perfekt funktionieren oder indem sie Macht über andere erlangen wollen oder aggressiv konkurrieren.

Schon die Wüstenväter lehrten ja den Umgang mit solchen negativen Emotionen, indem sie mit ihnen, den Dämonen, in den Dialog gingen und ihnen Fragen stellten: »Wer bist du? Woher kommst du? Was willst du?« Diese drei Fragen bestimmen den Einstieg in das Zwiegespräch mit dir selbst. Und immer dann, wenn ich in diesem Selbstgespräch geblieben bin, es ausgehalten habe, war ich erstaunt darüber, was sich da plötzlich alles in einem auftat an Unerledigtem, Verdrängtem, Unsicherem, an Ängsten und Zweifeln. Die Stille lügt nicht. Aber ich erlebe auch Menschen, die wie Schlafwandler unterwegs sind, die sich besser damit fühlen, die Augen zu verschließen vor dem, was ist. Aus Angst davor, sich selbst zu begegnen, sind sie ständig mit irgendetwas beschäftigt. Die Angst vor dem Alleinsein, sich selbst nicht aushalten zu können, kann uns in eine Vielzahl sinnloser Scheinbeschäftigungen führen – oder gar in die Sucht. Das Wort »Sucht« kommt von »suchen«, und die Frage ist, was das ist, wonach die Süchtigen suchen.

Ich erinnere mich noch sehr gut an die Jahre nach meiner Entführung. Das war eine Zeit, in der ich permanent auf der Flucht vor mir und der mir durch die Entführer zugefügten Wunden war. Und nicht selten endete diese Flucht in Alkohol und Drogen. Doch jeder Versuch, sich selbst zu täuschen, wird auf Dauer das Gegenteil von dem auslösen, nach dem wir uns sehnen. Dann entsteht Unruhe statt Ruhe, innere Verzweiflung statt innerer Frieden, Neid statt Dankbarkeit und gefühlte Ohnmacht statt gefühlter Freiheit. Wie schon erwähnt: Der Weg zur Ruhe führt durch die Unruhe und nicht an ihr vorbei. Der Weg in die Freiheit führt durch die Angst und nicht an ihr vorbei. Unruhe ist ein sicherer Hinweis auf etwas, das nicht in Ordnung ist, das ich noch nicht erledigt habe. Somit ist Unruhe auch als Aufforderung zu verstehen, etwas in Ordnung zu bringen. Und das gilt besonders für die innere Arbeit.

Es ist der Weg zu sich selbst, der mich immer wieder zu innerer Ruhe, Freiheit und innerem Frieden führt. Wir müssen nicht erst sterben, um in Frieden zu ruhen. Über die Stille haben wir die Chance, schon zu Lebzeiten einen Weg dorthin zu finden. Also stelle ich mich meinen Emotionen und allem, was da im Verborgenen auf mich zu lauern scheint. Es macht keinen Sinn, meinen schlechten Gefühlen dauerhaft zu entfliehen, denn dann werde ich krank. Ich bin nicht verantwortlich für meine Emotionen, aber dafür, wie ich mit ihnen umgehe. Jedes noch so schlechte Gefühl bietet mir Gelegenheit, mich besser kennenzulernen und als Mensch zu wachsen. Es geht darum, den Sinn von Emotionen zu erkennen und zu lernen, mit ihnen und mit unseren Bedürfnissen und Leidenschaften friedlich zusammenzuwohnen, Freundschaft mit ihnen zu schließen. Und die besten Freunde sind nicht die, die mir immer nach dem Mund reden, sondern die, die ihre ehrliche Meinung mit mir teilen – auch wenn es manchmal unangenehm ist. Situationen und Menschen, die mich aus der Ruhe bringen, sind nichts anderes als gute Freunde, die mich auf dem Weg zu meiner persönlichen Entwicklung unterstützen. Sie sind es, die mir den Hinweis geben, wo ich mit meiner persönlichen Entwicklung ansetzen kann. Aus diesem Grund bin ich gerade den Situationen dankbar, die mich auf diese Art und Weise herausfordern. Alles, was mich emotional herausfordert, ist ein Geschenk von unschätzbarem Wert, auch wenn es mir manchmal schwerfällt, das so zu sehen.

In der Stille versuche ich deshalb auch nicht, gegen meine zum Teil sehr unangenehmen »Hausgenossen« zu kämpfen, sondern mit ihnen. Wenn ich nicht gegen, sondern mit etwas oder jemanden kämpfe, nutze ich die gegen mich gerichtete Energie für mich. Das ist ein bisschen so wie beim Segeln mit Gegenwind. Auch ihn kann ich nutzen, um voranzukommen. Ich kann ihn weder wegdiskutieren oder verdrängen. Er bleibt, aber wenn ich klug bin, nutze ich ihn, um auf meinem Weg vorwärtszukommen.

Das Prinzip ist einfach: Uns vermeintlich verletzende Menschen und Situationen sind für uns wie Ärzte, die uns auf etwas hinweisen, dass in uns etwas nicht stimmt, nicht heil ist. Also kann ich dankbar für jeden Menschen sein, der mich ärgert, der mich wütend oder traurig macht, über jede Krise, die mich ängstigt oder aus der Fassung bringt. In der Stille offenbaren sich Wege, auf denen ich Angst, Wut, Verzweiflung oder Trauer in Dankbarkeit verwandeln kann. Denn Dankbarkeit ist eine unverzichtbare Voraussetzung für ein gutes Leben. So wie mich ein guter Umgang mit herausfordernden Menschen stärkt, stärkt mich auch ein guter Umgang mit Krisen und negativen Emotionen. Wenn ich im Frieden mit mir selbst bin, eine gute Verbindung zu meinem Selbst habe, bin ich innerlich freier und unabhängiger von der Macht anderer. Der Weg zu den klaren Quellen auf dem Grund meiner Seele führt durch diese negativen Emotionen. Doch sobald ich sie durchschritten, ich sie hinter mir gelassen habe, offenbart sich uns die unendliche Tiefe des Seins und mit ihr grenzenlose Weite und Leichtigkeit. In diesem

Moment der Gegenwärtigkeit verbinden wir uns zu vollkommener Einheit mit dem Hier und Jetzt. Frei von Gedanken, frei von
mentalem Lärm. Stille.

»Um zu«

Dieses Verzwecken, dieses Machen »um zu«, war mir nicht nur
beim Angeln begegnet, sondern auch bei der Meditation. Wenn
ich nur mit der Absicht meditiere, um ruhiger zu werden, werde
ich schnell frustriert sein. In meinen Klosterkursen, die ich seit
2014 immer wieder gebe, erlebte ich Teilnehmer, die sich selbst
unter Druck setzten und dann sagten, dass ihnen das Ruhigerwerden nicht gelinge. Beim Rasenmähen, ja, da würde man auch hinterher ein Ergebnis sehen. Ich sagte: »Ich kann meinen Fokus aber
ebenso auf das Mähen an sich legen, auf das Erlebnis, und nicht
auf das Ergebnis. Beim Rasenmähen kann man nämlich das ‚um
zu‘ streichen.« Das hatte ich selbst erfahren, als ich im vergangenen Sommer mit unserem alten Rasenmäher eine Bahn nach der
anderen zog und Zeit für mich hatte. Oder wenn Claudia und ich
sonntagsmorgens gemeinsam im Garten arbeiten. Da geht es nicht
darum, mit dem Jäten fertig zu werden oder möglichst schnell die
Kartoffeln aus der Erde zu ziehen. Gehen wir wieder zurück ins
Haus, liegen ein bis zwei Stunden Gegenwärtigkeit hinter uns.
Auch mit dem Ein- und Ausräumen unserer Spülmaschine habe
ich eine weitere Möglichkeit gefunden, mich vom »um zu« zu befreien. Als ich Claudia gegenüber allerdings einmal das meditative
Bügeln vorschlug, gab es mächtig Ärger. Aber ansonsten bin ich
immer wieder fasziniert davon, wie schnell ein Raum der Stille

entsteht, wenn ich etwas vollkommen zweckfrei tue. In dem Moment, wo das Erlebnis und nicht das Ergebnis im Vordergrund meines Handelns steht, bin ich gegenwärtig.

Wer nur das Ergebnis im Blick hat und mit ihm die Zukunft, verliert den Kontakt zum Hier und Jetzt. Wenn wir nur an die Zukunft denken oder uns im Vergangenen verlieren, nehmen wir am tatsächlichen Leben nicht mehr richtig teil. Mich vorübergehend einer Sache zweckfrei hinzugeben führt mich in die Gegenwart. Gegenwart bedeutet, nicht darauf zu warten, dass etwas fertig wird. Nicht abzuwaschen, um einen sauberen Topf zu haben. Nicht »um zu«, sondern über die Tätigkeit in den Moment zu finden und seine volle Aufmerksamkeit auf das Hier und Jetzt auszurichten. Der Verzicht auf das Verzwecken befreit uns aus der Gefangenschaft unserer Gedanken.

Soziale Entschleunigung

Ein Geheimnis von Glück ist Freiheit, und ein Schlüssel zur Freiheit liegt in der Gegenwärtigkeit. Denn es ist die Gegenwärtigkeit, die mich von den Gedanken befreit, deren Gefangener ich immer wieder werde. Und gerade in Krisen habe ich die Erfahrung gemacht, dass es die Gedanken an die Vergangenheit, aber besonders die an die Zukunft waren, die eine Situation für mich erst zu einer Krise haben werden lassen. Die Angst davor, etwas zu verlieren, entsteht häufig erst aus der Vorstellung, dass ich irgendwann in der Zukunft etwas verlieren könnte. Aber in dem Augenblick, in dem ich darüber nachdenke, dass ich etwas verlieren könnte, habe ich noch nichts verloren.

Die meisten Probleme sind Einbildungen. Das hatte auch ich wieder in den letzten Tagen erlebt. Ganz besonders an den Abenden. Aber es geht darum, den Gedanken die Kraft zu nehmen, mich unglücklich zu machen. In dem Moment, wo ich nicht über etwas nachdenken muss, wird es auch nicht zum Problem. Natürlich gibt es echte Probleme, aber der Großteil der Situationen, die wir als Problem beschreiben, ist ein Produkt unserer Gedanken. Beim Angeln habe ich mir früher gerne vorgestellt, ein Baum zu sein. Bäume denken nicht – und Bäume haben auch keine Probleme. Ähnlich ging es mir beim Beobachten des Kohlmeisenpaars. Auch ihm unterstelle ich, dass es sich keine Probleme »erdenkt«. Beide, der Baum und die Meisen, leben den Moment und mit ihm die Ewigkeit. Die Frage, um die es auf unserem Weg durch eine Krise ankommt, lautet: Benutze ich meinen Verstand oder mein Verstand mich? Denke ich, nehme ich nicht mehr wahr, was gerade geschieht. Genauso ist es, wenn ich spreche, dann höre ich nicht mehr, was um mich herum gesprochen wird. Und Sprechen ist nichts anderes als das Vertonen meiner Gedanken.

Gerade in der westlichen Welt wurden wir auf Ergebnisse konditioniert, Ergebnisse, die wir in der Zukunft zu erzielen versuchen. Und durch dieses auf die Zukunft ausgerichtete Denken und Handeln werden wir der Fähigkeit beraubt, gegenwärtig zu sein. Die mit der Leistungsgesellschaft und dem Wettbewerb einhergehenden Symptome entführen uns aus dem Hier und Jetzt. Sind die Aussichten gut, freuen wir uns. Aber wehe, sie sind schlecht, so wie während der Corona-Pandemie, dann haben wir Angst. Mir ist das nicht unbekannt, weiß inzwischen aber, dass diese Sicht-, Denk- und Verhaltensweisen ihren Ursprung in der Leistungsgesellschaft haben. Und diese führen, folgt man dem in Jena lehrenden Soziologen Hartmut Rosa, zu einer sozialen Be-

schleunigung. In der Leistungsgesellschaft und dem daraus entstehenden Wettbewerb bemisst sich Erfolg darin, um wie viel
besser ich als mein Wettbewerber, Kollege oder Nachbar bin. Es
geht um den permanenten Vergleich mit anderen und darum,
besser zu sein als sie, um das besagte Höher, Schneller und Weiter. Und aus Angst davor, dass die anderen an mir vorbeiziehen,
gönne ich mir selbst keine Pause mehr. Keine Zeit für mich,
immer aus Angst, den hohen Anforderungen der anderen nicht
mehr zu entsprechen.

Eine weitere, wie ich finde tragische Folge der sozialen Beschleunigung ist, dass wir uns immer mehr von uns selbst entfernen. Denn so wie der Blick in die Zukunft führt auch der ver-
gleichende Blick auf die anderen dazu, dass wir uns selbst aus
den Augen verlieren und zu Marionetten einer Gesellschaft werden, in der wichtiger zu sein scheint, was andere haben oder tun,
als wir selbst. Wer kennt nicht die Aussage: »Ich erkenne mich
gar nicht wieder«? Auch bei der Betrachtung meines mit Angelsachen vollgestopften Anhängers hatte ich mir die Frage gestellt, was denn geschehen war, dass mir das Loslassen von Dingen und Gedanken immer schwerer fiel? Wieso war es mir als
Kind häufig so leichtgefallen, mich ganz auf das einzulassen, was
gerade ist, und das loszulassen, was vorher war? Wieso konnte
ich als Kind den Untergang einer Sandburg als Krise geradezu
spielerisch meistern, während ich als Erwachsener angesichts eines drohenden Verlusts in Angst verfalle? Irgendwo auf dem Weg
von der Kindheit in die Gegenwart schien mir diese Fähigkeit
des Loslassens abhandengekommen zu sein. Könnte es sein, dass
sich unsere Welt auf dem Weg vom Kind zum Erwachsenen von
einer Erlebnis- in eine Ergebniswelt wandelt?

Tatsächlich habe ich den Verdacht, dass das nicht Loslassen-
Können die Folge einer Entwicklung ist, in der es mehr um das

Ergebnis als um das Erlebnis geht. Mit Beginn der Schule und mit zunehmendem Alter tauchen wir immer tiefer in die Leistungsgesellschaft ein, in der dann irgendwann nur noch das Ergebnis zählt. Und am Ende fangen wir sogar an, uns über diese Ergebnisse zu identifizieren. Status. Titel. Siege. Sehr gut kann ich mir vorstellen, dass wir uns mit dem Verlust dieser Dinge in unserem Selbstwert bedroht fühlen. Nur: In Krisen besteht die Gefahr, dass uns alles Erreichte, alles uns Wichtige, wieder genommen werden kann. Und das macht uns Angst. Wer sind wir denn noch, wenn wir nichts mehr zum Vorzeigen haben?

Wird die Welt um mich herum immer unberechenbarer und instabiler, könnte es ein guter Plan sein, zu klären, was mir wirklich Sicherheit im Leben schenkt. Habe ich das für mich herausgefunden, sollte ich mir nochmals folgende Frage stellen: Wie sicher ist denn das, was mir Sicherheit schenkt? Und hängt mein Gefühl von Sicherheit oder mein Wohlbefinden von etwas ab, was mir durch äußere Umstände wie eine Krise leicht genommen werden könnte, wäre es gut, etwas zu finden, was mir nur schwer oder gar nicht genommen werden könnte. Taugen die Zukunft oder das Außen nicht mehr dazu, mir Halt und Sicherheit zu geben, bin ich im Interesse meines Wohlbefindens dazu aufgefordert, Antworten darauf zu finden, was mir stattdessen Halt und Sicherheit schenken kann. Und bei der Beantwortung kommen wir um die Beschäftigung mit unserer Haltung nicht herum. Es geht also um das Wiederentdecken der eigenen Haltung und um die Wiedergewinnung der Fähigkeit, sich innerlich frei machen zu können von allem, was vom Draußen auf uns zukommt. Egal was es ist! Doch in der Leistungsgesellschaft geht es genau um das Gegenteil, darum, etwas zu wollen – und das verstellt uns den Blick auf das, was wir schon alles haben. Das Haben-Wollen ist der Feind des Sein-Könnens.

Mein schwarzes Büchlein

Was mir persönlich dabei half, meine Sinne zu schärfen und das wertzuschätzen, was ich bisher alles erlebt oder erreicht hatte, begann ich vor vier Jahren damit, mir jeden Morgen in mein schwarzes Büchlein aufzuschreiben, wofür ich dankbar bin.

Dabei lag mein Fokus auf den vermeintlich einfachen Dingen. So hielt ich fest, wenn ich auf meiner Meditationsbank saß und langsam das rote Licht der aufgehenden Sonne mein Gesicht wärmte. Wenn durch das geöffnete Fenster der morgendliche Gesang der Vögel zu hören war, die frische Luft beim morgendlichen Spaziergang. Der erste Schluck Tee am Morgen oder Gedanken daran, dass sowohl Claudia als auch die Kinder mein Leben bereichern. All die Menschen, die es gut mit uns meinen oder sich dafür einsetzen, dass die Regale in den Supermärkten gefüllt werden können. Nicht zu vergessen fließendes Wasser, eine Dusche, eine Toilette. Die Möglichkeiten, dankbar für das vermeintlich Selbstverständliche zu sein, war unerschöpflich, auch wenn es manchmal gar nicht so einfach war, sich an die kleinen Dinge zu erinnern. Mich dankbar für das Gute im Leben zu erweisen lenkte meinen Fokus mehr auf das, was ich hatte, als auf das, was ich noch vermeintlich brauchte.

Schon nach wenigen Wochen der Übung hatte ich das Gefühl, dass mir das bewusste Danken dabei half, mich dem Treiben der Konsum- und Leistungsgesellschaft besser entziehen zu können. Es entstand eine Art Bescheidenheit, die sich sogar in niedrigeren Kreditkartenabrechnungen niederschlug. Je mehr ich mich über das freute, was ich hatte, desto geringer war das Verlangen, sich etwas Neues anzuschaffen. Und je weniger ich neu anschaffte, desto geringer wurde auch die Angst, all das zu verlieren, von dem ich glaubte, dass mein Glück davon abhing. Und in Verbindung mit meinen morgendlichen Meditationen half mir meine morgendliche Dankbarkeitsübung auch dabei, mich immer mehr von dem Bedürfnis zu befreien, mich mit anderen vergleichen zu müssen. Mir bewusst zu machen, dass das Verlangen, besser zu sein oder mehr zu haben als andere, nur der Versuch ist, einen Platzhalter für verloren gegangene Kindheitsträume zu finden.

Dann erfuhr ich aber noch von einer Dankbarkeit, die weit über das hinausgeht, was wir an guten Dingen erfahren haben. Und das ist die bedingungslose Dankbarkeit für alles, was uns der Tag beschert. Gutes genauso wie weniger Gutes oder sogar Schlechtes. Natürlich ist es schwer, für negative Erlebnisse und Ergebnisse, für Krisen, Krankheit oder Misserfolg dankbar zu sein. Aber darum geht es nicht. Vielmehr geht es darum, für die Gelegenheiten dankbar zu sein, die sich aus den negativen Ereignissen ergeben. Es geht nicht um die Dankbarkeit für die Krise an sich, sondern um die Dankbarkeit für all das Positive, was sich aus einer Krise heraus ergibt. Jede Krise, die ich bislang erlebt hatte, hatte mir wertvolle Impulse für das eigene Leben, das in der Familie oder für die Entwicklung im Unternehmen gegeben. Und für genau diese sich aus dem Schlechten ergebenen Gelegenheiten konnte ich dankbar sein.

Das Einzige, was es dazu bedurfte, war, die in der Krise verborgenen Chancen zu erkennen, anzuerkennen und zu nutzen.

Die Fähigkeit, bedingungslos dankbar zu sein für das, was ist, ist das Fundament, auf dem unser Glück wächst. Je bedingungsloser die Dankbarkeit, desto größer das Glück. Es geht also nicht um das Glück an sich, sondern um die Gründe dafür, glücklich zu sein. Sich dem Leben voller Dankbarkeit zu öffnen und es mit der unvoreingenommenen Neugier eines Kindes zu erwarten führt mich zu der zweiten Frage, die ich mir jeden Morgen stelle: Welche Chancen werde ich heute nutzen? Bei ihrer Beantwortung achte ich darauf, was ich konkret dafür tun kann, andere Menschen zu stärken, wie ich sie dabei unterstützen kann, sich psychisch, physisch und sozial wohler zu fühlen. Was haben andere Menschen davon, dass es mich gibt?

Inzwischen habe ich eine Liste von Verben zusammengestellt, die als Konsequenz etwas Stärkendes, Aufbauendes oder Verbindendes mit sich bringen. Mein Antwortsatz lautet beispielsweise: »Heute werde ich Susanne ermutigen, einen für sie wichtigen Schritt zu gehen.« Oder: »Heute werde ich Uwe bestärken, einen Konflikt mit Stefan zu lösen.« Oder ich schreibe: »Heute werde ich die Begegnung mit schwierigen Menschen als Wachstumschance verstehen, heute werde ich die mir entgegengebrachte Kritik annehmen und darüber nachdenken, was zu dieser Kritik geführt hat.« Oder: »Heute werde ich jede mir entgegengebrachte Kritik als Impuls nutzen, mich weiterzuentwickeln. Wenn ich Kritik annehme, dann verbindet mich das mit meinem Gegenüber – wenn ich widerspreche, mich verteidige oder mit Gegenkritik und Vorwürfen antworte, spaltet das.«

Ziel ist es immer, die Beziehungen der Menschen zu sich selbst und zu ihren Mitmenschen zu stärken. Am Ende sind es drei bis vier solcher Sätze, die ich mit Blick auf das, was der Tag bringt, in mein schwarzes Büchlein eintrage. Es sind Aufträge, die mich den ganzen Tag über begleiten werden. Mit ihnen gehe ich gestärkt und mit klarem Blick auf das, worauf es ankommt, in den Tag. Mir ist bewusst, dass das ein extrem hoher Anspruch ist, und nicht selten muss ich am Abend feststellen, dass ich noch dort stehe, wo ich am Morgen losgegangen bin und keine der Chancen wirklich genutzt habe. Aber wenn es mir gelingt, auch nur eine der Chancen zu nutzen, die ich mir aufgetragen habe, freue ich mich wie ein kleines Kind, das zu Weihnachten das bekommen hat, was es sich gewünscht hat.

12 Lieben, was ist

Einfach leben

Die Impulse, Gedanken und Fragen, die dieses erste Wochenende nach dem Lockdown mit sich brachte, schenkten mir unglaublich viel Kraft für die folgenden Tage und Wochen. Ich fühlte mich befreit von der Last vieler mit der Krise einhergehenden Gedanken. In allererster Linie war es das Gespräch mit Claudia, aber auch meine Zeiten in der Stille und mein Kurzbesuch in der angemieteten Garage unseres Nachbarn schenkten mir wichtige Erkenntnisse für den weiteren Weg durch die Krise. So wurde mir wieder bewusst, dass es allein meine Haltung ist, die darüber entscheidet, welchen Weg ich für mich durch die Krise wähle. Meine Einstellung zu etwas ist das Einzige wirklich allein in meiner Macht Stehende und kann mir von niemandem genommen werden. Auf das sogenannte Schicksal habe ich keinen Einfluss. Als »Baumeister meines Lebens« liegt es nicht in meiner Hand, wie viel und welches Baumaterial mir zur Verfügung gestellt wird. Das ist so wie beim Skatspielen. Auf das Blatt, das ich bekomme, habe ich keinen Einfluss. Das für mich anzuerkennen erfordert Demut. Was ich aber habe, ist die Freiheit und Verantwortung, das Beste aus dem Blatt – oder dem Baumaterial – zu machen. Es sind also Demut, Freiheit, Verantwortung, Dankbarkeit und nicht zuletzt auch meine Gegenwärtigkeit, die mich wie Leuchttürme aus der Krise herausführen.

Die Wochen bis einschließlich April durchlebten wir im Wechselbad der Gefühle. Einerseits verfestigte sich für alle eine klare Tagesstruktur, andererseits mussten wir noch lange in Ungewissheit ausharren, da wir von unseren Banken bislang kein verbindliches Feedback zur Sicherung der Liquidität bekommen hatten. Was jedoch Hoffnung bereitete, waren die sich langsam entwickelnden Stufenpläne der einzelnen Landesregierungen zur Wiedereröffnung der Hotels. Positiv war für uns die Aussicht, dass die Wiedereröffnung einen Monat früher erfolgen sollte, als es von uns für Phase II geplant worden war. Ende April, genau am 29. April 2020, gut sechs Wochen nach dem Lockdown hielt ich eine weitere Ansprache für die Mitarbeiter, die allerdings sehr wenig mit unternehmerischen Aspekten zu tun hatte. Stattdessen wollte ich so viele Upstalsboomer wie möglich dazu ermutigen, sich auf die vielen Gelegenheiten zu fokussieren, die die letzten Wochen des Lockdowns mit sich gebracht hatten.

Dem vorausgegangen war eine Meditation, in der der Impuls entstand, mir Gedanken darüber zu machen, für welche Möglichkeiten und Erfahrungen der letzten Wochen ich besonders dankbar sein durfte. Wie so häufig in der Stille, war dieser Impuls wie aus dem Nichts gekommen, führte aber dazu, dass ich mich sofort nach der Meditation mit meinem schwarzen Büchlein an den Schreibtisch setzte und zu schreiben anfing: »Ich bin dankbar für die unendlich vielen Möglichkeiten der Dankbarkeit, die mir die Krise beschert. Ich darf so viel Zeit gemeinsam mit Claudia und unseren Kindern verbringen, wie in all den Jahren zuvor nicht. Ich darf einen Tagesrhythmus leben, wie ich ihn mir immer gewünscht habe und der mir körperlich, geistig und seelisch unglaublich guttut. Jeden Abend darf ich neben meiner Frau einschlafen und am nächsten Morgen wieder aufwachen. Jeden Abend habe ich die Chance, mit Julius Fußball zu spielen und Elfmeterschießen zu üben. Zum ersten Mal seit Wochen, vielleicht sogar Monaten, spiele ich mit den Kindern wieder Gesellschaftsspiele. Wir backen Kuchen zusammen, wir kochen und wir essen zusammen. Ich kann wieder viel bewusster an der Entwicklung unserer Familie teilhaben, die Kinder täglich wachsen sehen. Jeden Abend mit ihnen kuscheln. Keine Geschäftsreisen, Auto-, Bahn- oder Flugreisen mehr. Was für ein Segen! Ich bin viel präsenter für die Mitarbeiter und auch immer für sie erreichbar. Und das haben sie sich so sehr gewünscht! Ich kann viel gelassener durch den Tag gehen und habe noch bessere Bedingungen, mich fit zu halten.«

Vieles von dem, was ich notierte, war in dem letzten Jahr zu sehr ins Hintertreffen geraten. Vieles von dem, was zu Hause geschah, war an mir vorübergegangen, ohne es »live und in Farbe« zu erfahren. Zu unserem neuen Familienleben gehörte auch, dass ich abends mit Milla, unserer mittleren Tochter, gesungen habe. Ich hatte als Kind immer gerne gesungen – und all die Lieder über die Jahre völlig vergessen. Beim Aufräumen der Garage – auch eine lang aufgeschobene Tätigkeit – hatte ich zufällig ein altes Buch mit Volksliedern aus meiner Grundschulzeit aufgestöbert. Die Melodien kannte ich noch, die Texte weniger – aber die konnten wir mit dem Liederbuch ja nachsingen. Und dann saßen wir abends bei uns auf der Terrasse und haben gesungen. Zu Anfang ein bisschen verhalten, schließlich aus voller Brust. Wir kramten sogar die alte BRIO-Holzeisenbahn hervor und bauten durch das ganze Haus ein abenteuerliches Streckennetz. Besonders schön war es, wenn sich auf der Strecke ein Schienenproblem ergab, wir die Köpfe zusammensteckten und vieles ausprobierten, um dann das Problem gemeinsam zu lösen. Selten hatte ich gesehen, dass sich die Kinder so sehr auf eine Sache konzentrieren.

Viele Dinge waren mir in den vergangenen Jahren durch die operative Hektik verloren gegangen, und nun entdeckte ich aufs Neue, wie wichtig sie für mein Leben waren. Ich beschloss, diese Nähe zu meiner Familie nie wieder aufzugeben. Für kein Geld der Welt! Und noch weniger für alle Anerkennung der Welt. Corona bedeutete für mich an diesem Morgen kurz vor der Wiedereröffnung der Hotels, einfach das Leben zu leben! Obwohl noch keiner wusste, wie das Ende der Pandemie für uns tatsächlich aussehen würde.

Während dieser erneuten Ansprache dachte ich daran, dass auch Mitarbeiter das Angebot genutzt hatten, Online-Meditationen mitzumachen. Die Mitarbeiter, die kurz vor Ausbruch der Pandemie damit begonnen hatten, sich mit der Logotherapie als Führungskompetenz zu befassen, konnten ihre Erkenntnisse direkt in ihren Alltag integrieren. Sie hatten sich gesagt, wenn wir die Situation nicht ändern können, besteht die einzig sinnvolle Lösung darin, unsere Einstellung zu dieser Situation zu ändern. Nicht zu lamentieren und auch nicht in die Opferrolle zu verfallen und sich ohnmächtig zu fühlen, sondern nach Möglichkeiten zu suchen, die es wert sind, verwirklicht zu werden. Und die gab es immer. Einige entdeckten auf dem Fundament dieser Methode ihre Familie neu. Aus dem Zwang, mit den Kindern auf engem Raum aushalten zu müssen (nicht jeder hatte wie wir einen Garten), wurde das Privileg, seine Familie neu erleben zu können. Aber nur dann, wenn sie sich wirklich darauf einließen. Viele hatten mir beschrieben, dass dieses Sich-Einlassen ein wichtiger Schlüssel gewesen war, um mit der neuen Situation klarzukommen.

Dieter zum Beispiel konnte den arbeitsmäßigen Leerlauf und die Kurzarbeit gut nutzen, weil er und seine Familie bereit waren, sich zu wandeln. Nachdem seine erwachsene Tochter, die in London lebte, wegen Corona zurück nach Hause kommen musste, rückten alle wieder zusammen. Mit Reibereien. Aber als der Familienrat auf Anregung der Tochter beschloss, wie eine WG zusammenzuleben – mit verteilten Rollen und Pflichten –, klappte es wunderbar. Während Dieters Ehefrau im Homeoffice arbeiten musste, übernahm er den Einkauf und die Küche, wobei er im Kochen bald aufging.

Wir entdeckten auch neue Unterhaltungstools für das Handy wie die Houseparty-App, die meldete, wenn jemand aus der Gruppe Kommunikation suchte. Hier konnte man nicht nur chatten, sondern auch gemeinsam virtuell Gesellschaftsspiele spielen. Das Zusammengehörigkeitsgefühl im Team nicht abreißen zu lassen erschien uns sehr wichtig. Entfremdung und Vereinsamung treibt die Gerüchteküche an, führt zu unnötigen Missverständnissen, Befindlichkeiten und zu Energieverlust. Diese Wandlungen unter dem Druck der Krise, das Umdefinieren von Wohn-, Arbeits- und Lebensverhältnissen hatten wir überall im Unternehmen erlebt.

Viele familiäre Entwicklungen entstanden oft, genau wie im Unternehmen, spontan aus dem eingeschränkten Tagesverlauf heraus, unbeabsichtigt, und nicht selten hatten wir das Gefühl, dass auch viele traditionelle Verhaltensweisen infrage gestellt und verändert wurden. Alle kamen wieder mehr ins Erzählen – weil einfach Zeit dafür da war. Und wir Eltern lernten auch wieder, nicht nur zu funktionieren und zu organisieren, sondern zuzuhören. Anja hatte erzählt, wie sie Erinnerungen aus ihrer Kindheit wiederauffrischte, indem sie alte Hörbücher hervorholte und gemeinsam mit ihren Kindern anhörte.

Die Wochen des Lockdowns waren für alle ein Prozess, ein Prozess des aufeinander Einspielens, des neu Entdeckens und des gemeinsam Kreativwerdens. Was ich anfangs als Belastung befürchtete, entwickelte sich von Tag zu Tag zu einem immer größer werdenden Geschenk. Durch die plötzliche Entschleunigung dehnte sich die Zeit wieder ins Unendliche, wie damals, als ich als Kind zum Ritter oder beim Angeln zum Baum wurde und ich gedacht hatte, dass diese Momente niemals enden würden. Lebenszeit ist das Wertvollste, was wir haben. Viele realisieren diesen Verlust erst, wenn sie am Ende ihrer Tage erkennen, wie wenig sie ihr Leben genutzt und wie oft sie Lebenszeit sinnlos verschwendet haben. Ein mir unbekannter Autor verfasste dazu einst etwas zum Nachdenken, und mein Mentor, Dr. Friedrich Assländer, ließ es mir über seinen Newsletter »Wegweiser zum Wesentlichen« als einen seiner vielen wertvollen Impulse zukommen:

Stell dir vor, du hast bei einem Wettbewerb folgenden Preis gewonnen: Jeden Morgen stellt dir die Bank 86 400 Euro auf deinem Bankkonto zur Verfügung. Doch dieses Spiel hat auch Regeln, so wie jedes Spiel bestimmte Regeln hat.

Die erste Regel ist: Alles, was du im Laufe des Tages nicht ausgegeben hast, wird dir wieder weggenommen. Du kannst das Geld nicht einfach auf ein anderes Konto überweisen, du kannst es nur ausgeben. Aber jeden Morgen, wenn du erwachst, eröffnet dir die Bank ein neues Konto mit neuen 86 400 Euro für den kommenden Tag.

Zweite Regel: Die Bank kann das Spiel ohne Vorwarnung beenden. Zu jeder Zeit kann sie sagen: Es ist vorbei. Das Spiel ist aus. Sie kann das Konto schließen, und du bekommst kein neues mehr.

Was würdest du tun? Würdest du dir alles kaufen, was du möchtest? Nicht nur für dich selbst, auch für alle Menschen, die du liebst? Vielleicht sogar für Menschen, die du nicht kennst, da du das ganze Geld nicht nur für dich alleine ausgeben kannst? Oder würdest du versuchen, jeden Cent auszugeben und ihn zu nutzen?

Aber eigentlich ist dieses Spiel die Realität:

Jeder von uns hat so eine »magische Bank«! Wir sehen das nur nicht, denn die magische Bank ist ZEIT! Jeden Morgen, wenn wir aufwachen, bekommen wir 86 400 Sekunden Leben für den Tag geschenkt, und wenn wir am Abend einschlafen, wird uns die übrige Zeit nicht gutgeschrieben. Was wir an diesem Tag nicht gelebt haben, ist verloren, für immer verloren. Gestern ist vergangen. Jeden Morgen beginnt sich das Konto neu zu füllen, aber die Bank kann das Konto jederzeit auflösen, ohne Vorwarnung. Was machst du also mit deinen täglichen 86 400 Sekunden? Sind sie nicht viel mehr wert als die gleiche Menge in Euro?

Was braucht es, dass wir unser Leben wirklich leben?

Jemanden, der sich darüber wohl noch keine Gedanken gemacht hatte, durfte ich in einer Fernsehdokumentation betrachten. Sie zeigte einen Kapitän, der auf riesigen Containerschiffen sechs Monate im Jahr zwischen Bremerhaven und Schanghai pendelte. Er tat das über Jahrzehnte. Nun war der Tag seiner letzten Fahrt vor der Pensionierung gekommen. Und als ihn der Reporter fragte, was er zum Abschluss seiner beruflichen Laufbahn empfinden würde, hatte dieser erfahrene Seebär plötzlich Tränen in den Augen und sagte, er wisse gar nicht, wo all die Jahre geblieben wären, seit er 1974 zum ersten Mal auf einem Frachter in Bremen angeheuert hätte. Es klang ein wenig nach dem Fluch nicht gelebten Lebens, das sich in Pflichterfüllung und Gleichgültigkeit in einer Wohlstandsgesellschaft verbraucht hatte. In all den Jahrzehnten hatte er nichts Nachhaltiges, Sinnerfülltes geschaf-

234 TEIL III VISION FÜR DIE ZUKUNFT

fen, worauf er zurückblicken konnte, gab er nun seinen bisherigen Rhythmus, das Leben auf dem Schiff, auf. Ich wünschte diesem beeindruckenden Seemann, dass er im Nachhinein noch den Sinn in dem erkennen würde, wofür er sich über Jahrzehnte eingebracht hatte.

Quelle unserer Wünsche

Das Bild, das ich mir in meinem tiefsten Inneren von meinem Lebensabend gemalt habe, zeigt mich als weisen Großvater in einem Ohrensessel in unserem Friesenhaus. Auf meinem Schoß sitzen zwei Enkelkinder, denen ich im warmen Rot der untergehenden Sonne Gutenachtgeschichten von glücklichen Menschen vorlese. Schon vor fast zehn Jahren hatte ich mir mein Selbstbild in dieser Form geschaffen, und häufig stelle ich mir vor, wie mein Leben und ich Geschichten schreiben, die ich später meinen Enkelkindern vorlesen werde. Am Ende jeder dieser Geschichten leuchten Augen, die von einem Kind oder von einem Erwachsenen. Es gibt Momente, da kann ich dieses Bild nicht nur sehen, sondern auch fühlen, hören und riechen. Es ist für mich wie ein Leuchtfeuer, nach dem ich den Kurs anlege, um mein Schiff später in den sicheren Hafen vor Anker gehen zu lassen. Es sind die Bilder, die wir uns von uns selbst machen, die zu unseren Wünschen werden, um sie zu verwirklichen. Bei mir ist es das Bild des Großvaters im Ohrensessel, bei anderen ist es vielleicht das Selbstbild einer erfolgreichen Managerin, die im Büro eines Großstadt-Towers sitzt, andere sehen sich vielleicht als Forscher oder Professorin vor einer Horde junger Menschen stehen, und wieder jemand anderes imaginiert sich als Priester vor einer Gemeinde oder jagt als Polizist Verbrecher. Aber immer dann, wenn das Bild, das wir uns von uns machen, überhaupt nicht unseres ist, sondern nur eines, das uns von außen »verkauft« wird, besteht die Gefahr, dass wir nicht unser Leben leben. Wir richten uns dann eher nach den Vorstellungen anderer Menschen. Und das tut uns nie gut.

Anfang 2020 war ich auf einem Symposium in Münsterschwarzach. Anlässlich des fünfundsiebzigsten Geburtstags von Anselm Grün wurde ich gebeten, mich als Gesprächspartner an einem Geburtstags-Dialog auf der Bühne zu beteiligen. Ob Anselm Grün ein Vorbild für mich sei, wurde ich unter anderem gefragt. Ich antwortete: »Nein, wenn du Buddha auf der Straße siehst, dann töte ihn, lehrt der Zen-Meister seinen Schüler.« Nachdem ich das gesagt hatte, schaute ich in viele fragende Gesichter. »Ich wollte damit sagen«, fuhr ich fort, »dass wir uns davor hüten sollten, einen anderen Menschen zum Maßstab unseres Lebens zu machen. Was ich hier im Kloster verstanden habe, ist, dass der Weg zu Gott über die Selbsterkenntnis führt. Aber wie können wir uns selbst kennenlernen, wenn wir anderen hinterherrennen, so verehrungswürdig sie auch sein mögen?«

Es geht darum, zu dem zu werden, der ich wirklich bin. Darum, meine Träume zu leben und nicht die, die mir als solche verkauft wurden. Es geht darum, dem Bild gerecht zu werden, das Gott sich von mir gemacht hat. Und nicht dem, das Gott sich von anderen Menschen gemacht hat. Jeder Mensch ist einzigartig, jeder Mensch hat seine Bestimmung und Berufung. Jeder Mensch ist unersetzlich. Ich kann keinen Menschen ersetzen. Ich kann vielleicht in einem Beruf oder einer Aufgabe ersetzt werden, aber nie als Mensch. Das ist die logische Konsequenz daraus, dass jeder einzigartig ist.

An diesem Nachmittag des 18. Januars 2020 war es mir wichtig, auszudrücken, dass niemand ein Vorbild für mich ist, wohl aber ein Leuchtturm, der mir meinen Weg weist, letztlich jemand, der mir hilft, ihn zu finden und auszuleuchten. Und für mich ist Pater Anselm ein solcher Leuchtturm, ein sehr wichtiger sogar. Ganz besonders dann, wenn ich auf den Upstalsboom-Weg schaue, denn er ist nur als Synonym dafür zu verstehen, seinen ganz eigenen Weg zu finden.

»Wir werden als Originale geboren und sterben als Kopie.« Dieses Zitat ist von Max Stirner, und im Sinne des Philosophen möchte ich vielen Menschen und auch vielen Unternehmen ersparen, dass sie als Kopie ihr Dasein fristen. Darum geht es. Dafür stehe ich jeden Morgen auf: Dass sich möglichst viele Menschen ihrer eigenen Wahrheit entsprechend, ihrer Persönlichkeit entsprechend, sich in das Leben, in ihre Familie oder in ein Unternehmen, einbringen können. Es ist also nicht das Vorbild, um das es in unserem Leben geht, sondern darum, sich dem Bild bewusst zu werden, das unserer ganz eigenen Wahrheit entspricht. Und aus diesem Selbstbild entsteht dann auch die Kraft, durch äußerst schwierige Zeiten zu gehen.

Prophet im eigenen Land

Weil ich wieder länger zu Hause war, erlebte ich – anders als auf meinen Seminaren und Vorträgen – eine besondere Erdung. Meine Kinder und meine Frau sorgen dafür, dass ich nie abhebe. Sie hinterfragen sehr kritisch, was ich tue, und verdrehen oft die Augen, wenn ich ihnen etwas über meine spirituellen Abenteuer erzählen und Werte vermitteln will. In unserer Familie werde ich keineswegs kritiklos hingenommen. Allein dadurch, dass ich viel Zeit in die Werte- und Persönlichkeitsentwicklung im Unternehmen und in meinen Seminaren investiere, fehlt mir Zeit für die Familie. Was manchmal auch zu Konflikten geführt hatte. Als ich einmal eines Tages von einer Reise nach Hause kam, saßen alle mit der Klangschale auf dem Schoß auf dem Sofa und sangen »Omm«. Nicht das tibetische Mantra – sondern den Song aus *Bibi & Tina*, gesungen vom Kakmann, der Figur des bösen, profitgesteuerten Unternehmers, der sich vom Saulus zum Paulus wandelt.

Sie freuten sich wie die Schneekönige über meine erstaunte Reaktion. Meine Kinder machen sich tatsächlich ein bisschen lustig über meine Lebenshaltung. Auf der einen Seite. Auf der anderen Seite fragen sie aber auch, ob ich helfen kann, wenn sich zum Beispiel mal doofe Gedanken bei ihnen einstellen, von denen sie alleine nicht ablassen können. Sie werden hellwach, wenn ich ihnen sage, dass sie mit ihren doofen Gedanken genauso umgehen können wie mit einem Nachrichtensprecher im Fernsehen, der ihnen auf die Nerven geht. Sie können sie einfach abschalten. Und wenn sie mich dann fragen, wo die Fernbedienung zum Ausschalten ist, schnappe ich mir ein Geschirrhandtuch, verbinde ihnen die Augen und fordere sie auf, mit verbundenen Augen den Weg aus der Küche ins Kinderzimmer zu finden. »Anschließend sind die doofen Gedanken weg. Sicher.«

Manchmal versuche ich ihnen zu erläutern, dass es nur um die Antwort auf die Frage geht, wer hier wen beherrscht. Beherrschst du deine Gedanken oder beherrschen deine Gedanken dich? Und wenn ich mit verbundenen Augen durch die Gegend gehe, beherrsche ich nicht nur meine Gedanken, sondern ganz besonders auch meine Sinne. Denn jeder einzelne Schritt, den du mit verbundenen Augen gehst, erfordert deine absolute Präsenz. Da bleibt keine Zeit, um an irgendetwas anderes zu denken. Gedanken werden immer da sein, aber du kannst sie in eine andere Richtung lenken – zum Beispiel darauf achten, dir nicht gleich den Kopf zu stoßen …

Und die gute Nachricht ist, dass du das trainieren kannst. In der Stille oder zur Not auch mit einem Geschirrhandtuch. Im Übrigen ist das Wandern durch die Wohnung oder den Garten mit verbundenen Augen auch eine wunderbare Übung für Erwachsene, um im Hier und Jetzt zu landen und sich von den Gedanken an die Zukunft oder Vergangenheit zu befreien. Sehr erholsam, kann ich nur empfehlen. Auch bei uns im Unternehmen machen wir das manchmal, dass Mitarbeiter mit verbundenen Augen durch die Gegend gehen, allerdings ist dann jemand an ihrer Seite und passt auf, dass nichts passiert. Dass wir damit skeptische Blicke auf uns ziehen, ist uns relativ egal, die sehen wir ja nicht.

Spreu und Weizen

Die Zeit des Lockdowns war eine Zeit der Gespräche, des Nachsinnens und der Neupositionierung auf allen Ebenen unseres Seins. Nachdem sich die erste Angst vor der Pandemie etwas gelegt hatte, weil auch die Infektionswege nicht mehr fremd waren, begannen wir tiefer durchzuatmen, die kleinen Dinge wertzuschätzen, die Natur intensiver wahrzunehmen, aufmerksam zu sein für Veränderungen im Tagesverlauf, den Wechsel des Lichts, der Wolken. Wir begannen das ganze Leben wieder in uns aufzusaugen.

Ich war dankbar, mit meiner Familie auf dem »Land« zu wohnen und hier in der Weite der Natur am Stadtrand von Emden
viel freier leben zu können als Menschen, die in engen Groß-
stadtwohnungen diese Zeit überstehen mussten. Befreiend war
auch, einen aktiven Beitrag in der Familie zu leisten. Nicht nur,
dass es ihr wirtschaftlich gut geht, sondern weil ich mich mehr
als vorher als ganzen Menschen in ihr einbringen konnte. Ich
war einfach da. Und so erlebte ich die Zeit um Ostern einmal
völlig anders, eingebunden in meine Familie, zusammen mit den
Kindern und ihren kunterbunten Fragen. Natürlich fehlte der
Kontakt zu den Eltern und Großeltern, zu den Mitarbeitern.
Aber Überflüssiges, was vorher oft meine Zeit gefressen hatte,
fehlte mir nicht. Ausgehen, Feiern, Empfänge, Abendessen, Geschäftsreisen, Kongresse. Und in diesem Innehalten bemerkten
wir, wie froh wir oft waren, dass wir all diese Dinge nicht mehr
tun mussten.

Wir waren auf Entzug, jedenfalls was die Beschäftigung mit
Äußerlichkeiten betraf, und auf uns selbst zurückgeworfen. Wir
hatten keine Ausweichmöglichkeiten und keine Ausreden mehr,
vor uns selbst zu flüchten. Die Corona-Krise hatte sämtliche
Fluchtwege versperrt, die wir täglich nutzen, um uns selbst und
unserer Lebensbestimmung aus dem Weg zu gehen. Weil die Ab-
lenkungen plötzlich fehlten, kamen wir wieder bei uns selbst an.

Im Lockdown stellte ich zudem fest, wie gepflegt die Gär-
ten überall plötzlich aussahen. Jetzt, in der Krise, konnte auch
ich meinem Interesse für den Garten endlich Raum geben. Das
kannte ich vorher noch nicht so. Wir legten Hochbeete an, einen Acker und pflanzten Gemüse. Wirsing, Kohlrabi, Kartoffeln, Küchenkräuter und vieles mehr. Die ganzen Jahre zuvor
hatte ich Claudia immer gebannt dabei zugehört, wenn sie aus
der Zeit ihrer Großeltern berichtete, in der sie es so sehr liebte,

Teil ihres ländlichen Lebens zu sein. Teil einer Gemeinschaft, sich selbst versorgend und immer dem Rhythmus der Natur folgend. Und es war noch gar nicht so lange her, da sprachen wir über das Zusammenspiel zwischen ihrer Zeit auf dem Bauernhof und dem Selbstbild, das sie sich trotz ihres Daseins als Ärztin und mir wichtigste Beraterin von sich gemacht hatte: als Mutter, in einer Familie, deren vor Glück strahlende Mitglieder sich über das letzte Stück frisch gebackenen Brots hermachten. So wie damals, als es noch ihr Großvater war, der das Brot für die ganze Familie im eigenen Backhaus selbst herstellte.

Ein eigener kleiner Klostergarten kam hinzu, in dem nun wächst, was sich zusammen mit dem frisch gefangenen Fisch auf unserem Mittagstisch als leckere Mahlzeit wiederfindet. Für mich ist der Klostergarten ein weiteres Kleinod, in das ich mich verziehen kann, wenn ich merke, dass mein Energielevel nach unten geht und ich Abstand brauche. Hinterher komme ich entspannt zurück. Grünkraft nennt man das.

Zwei Bienenvölkern haben wir in unserem Garten ein Zuhause gegeben, denn wenn die Bienen sterben, stirbt als Nächstes der Mensch. Das emsige Summen ist ein natürliches Lebenszeichen. Belohnt zu werden mit eigenem Honig oder den unmittelbar in unserer Nachbarschaft blühenden Rapsfeldern beschert uns ein echtes Heimatgefühl. Ein Ausrufezeichen für die Verbindung von Mensch und Natur.

Ich musste auch an eine Erkenntnis aus meiner Krise am Kilimandscharo denken, als ich kurz vor dem Gipfel bewusstlos wurde und den Rückweg antrat. Im Rückblick war mein Umkehren am Berg zu einem Sinnbild für das Gleichgewicht zwischen Familie und Karriere geworden. Diese extreme Erfahrung hat den Blick dafür eröffnet, mein zum Teil maßloses Streben im Berufsleben noch einmal zu überdenken und mir die Frage zu stellen: Um welchen Preis willst du denn dich und das Unternehmen voranbringen? Um den Preis einer zurückgelassenen Familie, eines Zuhauses, wo Menschen auf dich warten. Geliebte Menschen, die dich brauchen, die sich nach dir sehnen? Ich traf eine der wichtigsten Entscheidungen – für die Familie. Ich hatte endlich losgelassen.

Der erste Lockdown hatte uns dabei geholfen, viel von dem loszulassen, was uns davon abhielt, das zu leben, was wir lieben. Für uns bedeutete die Krise, in sich verändernden Rahmenbedingungen neue Chancen zu finden. Wenn ich im Garten bin, bin ich im Garten. Bin ich mit dem Hund draußen in der Natur, bin ich in der Natur mit dem Hund. Wenn ich im Unternehmen meiner Berufung nachgehe, gehe ich im Unternehmen meiner Berufung nach. Ich bin und bleibe im Moment und kehre nicht in die Unruhe zurück. Und wenn ich abends daran denke, wie gut sich plötzlich alles verbindet und unter einen Hut passt, schlafe ich zufrieden ein. Aus einem Verlust war plötzlich auf der anderen Seite ein Gewinn geworden.

Fit ohne Geräte

Konsequentes frühes Aufstehen. Meditieren. Sport. Kalt duschen. Teetrinken. Im Lockdown entwickelte ich den eingespielten Ablauf jedoch weiter. Zusätzlich begann ich mit dem Intervallfasten: drei Mahlzeiten in acht Stunden und sechzehn Stunden nichts essen. Zu den vielen positiven Veränderungen, welche die Krise in mein Leben gebracht hatte, gehörte auch ein neues Ritual: der Mittagsschlaf. Um mein Energielevel aus der

Stille am Morgen zu halten, entdeckte ich das Powernapping – fünfzehn Minuten Tiefentspannung als Siesta-Ersatz. Weiterhin fuhr ich nicht mehr mit dem Auto und nutzte meine täglichen Wege zu Fuß oder mit dem Fahrrad. Um bewusst abzuschalten und nicht nur an meine Aufgaben zu denken, sondern auch an alles Schöne, das mich bestärkt. Dazu gehört auch, Distanz zu schaffen. Denn Distanz ermöglicht Perspektive, und das nicht nur mit Blick auf meine Gedanken, sondern auch im Alltag. Es geht um Gleichmut und darum, gelassen zu bleiben. Um noch konzentrierter, noch präsenter zu sein.

Isoliert durch das Virus intensivierte ich auch meine sportlichen Anstrengungen. Ich arbeitete mit meiner Neunzig-Tage-Challenge *Fit ohne Geräte*, ein Übungsbuch, das ich seit fünf Jahren regelmäßig zum Trainieren verwende. Mein bisheriger Rekord lag bei 110 Tagen, um alle Übungen einer Challenge zu absolvieren. Doch nicht selten brauchte ich fast ein halbes Jahr, um alle Übungen einmal durchzuexerzieren. Jetzt aber verkündete ich den Mitarbeitern eines Morgens im Podcast, dass ich mich total freuen würde, weil ich es zum ersten Mal geschafft hatte, die Challenge in nur neunzig Tagen abzuschließen. Das geschah nicht aus Eitelkeit. Wir hatten beschlossen, über unseren täglichen Podcast und die Webinare Impulse zu setzen, im Selbstmanagement den Fokus darauf zu richten, die Krise als Chance zu nutzen und alles in Angriff zu nehmen, was einer Verbesserung der eigenen Situation psychisch, physisch, aber auch sozial dienen könnte.

Begeistert, wie ich war, dachte ich sogar darüber nach, mein morgendliches Ritual mit Kamera und Headset zu begleiten, um die Mitarbeiter von seinem Nutzen zu begeistern. Aber noch blieb es bei dem Gedanken. Ich sprach über diese Dinge, um sie zu ermutigen, sich nicht hängen zu lassen, selbst wenn es kurzfristig vielleicht an Mut und Perspektiven fehlen sollte. Es ginge darum, so erklärte ich, seine Zeit sinnvoll zu nutzen, all die guten Silvestervorsätze in die Tat umzusetzen. Sport zu machen. Abzunehmen. Mit dem Rauchen aufzuhören. Weniger zu trinken. Aktiver, fitter und gesünder zu werden. Ich appellierte an alle, keine Entschuldigungen zu erfinden, etwas nicht zu tun, was zu ihrem Wohle wäre. Und dazu gehörte eben auch eine körperliche und mentale Fitness als Grundlage für ein unbelastetes Leben. Ich bat sie, vom Grübelkarussell herunter- und zurück ins Leben zu springen, nicht ständig um die eigenen Probleme zu kreisen, sondern das Leben nach neuen Perspektiven abzutasten.

Wir hadern zu viel mit der Vergangenheit, die sich nicht zurückdrehen lässt, und haben Angst vor dem, was in Zukunft sein wird. Und vergessen darüber das Jetzt, den Augenblick, den wir nicht nur denken, sondern erleben. Wer gegen das Jetzt ist, ist gegen das Leben, denn das Leben findet nur jetzt statt. Alles andere ist Erinnerung oder Fiktion. Der Moment ist es, in dem unsere Erinnerungen entstehen und unsere Ideen, Vorstellungen und Visionen wahr werden. Nur heute entscheide ich, ob ich in Zukunft etwas bereuen muss. Aber auch unsere Traumata, wenn wir ohnmächtig verharren, in unserer Angst stecken bleiben und es verpassen, ins Handeln zu kommen. Wenn wir aus Angst stehen bleiben, dann wird aus keiner der vielen Möglichkeiten, die uns das Leben genauso wie jede Krise schenkt, Wirklichkeit. Es geht darum, sich auf das Leben wie auf ein Rendezvous vorzubereiten, ein Rendezvous mit dem Leben an sich. Und manchmal sind es schöpfende, manchmal aber auch erschöpfende Begegnungen, die wir in und mit unserem Leben erfahren. Darauf haben wir keinen Einfluss. Worauf wir aber einen Einfluss haben, ist, wie wir mit ihnen umgehen. Es liegt an uns, aufgeweckt und frisch in den Tag zu gehen, neugierig zu erkunden, was uns jeder

Augenblick des Lebens für Chancen beschert. Jeder Tag wartet nur darauf, mit Freude und guten Ideen gefüllt zu werden. Und dazu gehört auch all das, von dem wir vor der Krise immer gesagt hätten, dafür habe ich ja gar keine Zeit. Jetzt ist die Zeit dafür da!

Gemeinschaft, die trägt

Corona war nicht das Ende. Dass man auch anders, entschleunigter und gleichzeitig erfüllter gut leben konnte, wurde vielen auf einen Schlag deutlich. Wie wenig Zeit war uns vor der Krise noch zum Leben geblieben? Wie wenig für ein Miteinander? Für mich wäre es wichtig, uns diese neue Lebensqualität zu bewahren, sie so achtsam zu sichern, dass sie sich nicht wieder verflüchtigen kann in dem Wust von Terminen und Aufgaben, denen wir permanent wieder ausgesetzt sein werden, wenn die Pandemie vorüber ist. Warum in aller Welt sollten wir zurück in dieses Hamsterrad, in diesen Zustand der Hast und inneren Unruhe?

Ein paar Tage nach meiner ersten Begegnung mit dem Hersteller unseres Ostfriesentees saß ich auf einem Brückengeländer und blickte über den Stadtgraben auf den uralten Baumbestand und wartete auf meine Familie. Franz Thiele, der Tee-Unternehmer, ging vorbei und sagte: »Ja, die Zeit sollte man sich öfter nehmen und mal alles in Ruhe anschauen.« Wenige Tage später traf ich ihn zum dritten Mal, und Herr Thiele, ein genauso zurückhaltender wie vornehmer Herr, sagte: »Herr Janssen, so langsam verstehe ich, was Sie mit Ihren Büchern vermitteln möchten.« Das war nur eine kleine Episode von vielen über eine neue Nähe. Viele von uns nahmen Menschen anders wahr, nahmen sie überhaupt wahr, gerade jene, die wir im täglichen Leben oft übersehen. Die Hast war weg und Zeit vorhanden. Wir zeigten uns dankbar gegenüber den Paketboten und den Verkäuferinnen im Supermarkt, den Ärzten und Pflegern in den Krankenstationen, die gerade wegen Corona im Dienst besonders gefordert waren. Wir grüßten die Nachbarn viel freudiger, erkundigten uns nach ihrem Wohlbefinden, anstatt gleich weiterzueilen. Wir durften erleben, wie zwei von ihnen jeden Sonntag um zehn und um achtzehn Uhr uns Anwohnern ein kleines Straßenkonzert bescherten und alle dazu ermutigten mitzusingen.

Es entstand eine neue Verbundenheit. Das zeigte sich an vielen Beispielen: Leider waren die »Tafeln« zur Versorgung registrierter Bedürftiger geschlossen, dafür aber standen in den Supermärkten auf einmal Einkaufswagen mit gespendeten Lebensmitteln für Tafelteilnehmer. Es organisierten sich Nachbarschaftshilfen – und sei es auch nur, um für andere Masken zu nähen. Die Hoffnung ist, dass viele Menschen aus der Erfahrung, wie gut es tut, Hilfe zu leisten, diese Gabe behalten. Sich auch nach der Pandemie entschließen, für andere Menschen da zu sein, vielleicht ganz besonders für unsere älteren und kranken Mitmenschen, und Verantwortung zu übernehmen. Das muss überhaupt kein Geld kosten. Durch aufmerksame Gesten, ein Sein in der Nähe, durch Zuhören oder ein schlichtes Danke entsteht schon soziale Verbundenheit. Ein Danke an die Verkäuferinnen im Supermarkt, an den Postboten, die Straßenkehrer, die während der Krise für uns da waren. Eine kleine Geste der Wertschätzung, schon ein Lächeln erzeugt diese Wirkung.

Ein Miteinander und nicht ein Gegeneinander schafft gelingende Beziehungen und damit ein gelingendes Leben. Und das Leuchten kommt zurück in die Augen der Menschen. Was aber hindert uns nur, das zu tun? Warum sehen wir immer so große Hürden, wenn es gilt, die Richtung zu ändern, nach der unser Le-

ben verläuft, wenn wir damit nicht glücklich sind? Allein durch
Freundlichkeit entsteht viel Gutes. Und es macht Spaß. Es beginnt
mit der Art, wie ich Menschen anschaue, wie freundlich ich bin,
wie ich Menschen anspreche, was ich sage – ob es positiv, aufmun-
ternd und Mut machend ist oder abwertend, negativ und sinnzer-
störend. Jeder kann damit sofort beginnen, Gutes zu denken, Gutes zu sagen und Gutes für seinen Nächsten zu tun. Im nächsten
Schritt kann ich das Gutes-Tun weiter ausbauen und zum Beispiel
überlegen, was ich im Überfluss habe und was anderen Menschen
fehlt. Wie viel davon will ich teilen, abgeben? Es spielt dabei keine
Rolle, was es ist – ob es etwas Materielles ist (Kleidung, Möbel,
Werkzeug, Bücher) oder etwas Immaterielles (die Zeit, die ich jemandem schenke, indem ich für ihn einkaufen gehe oder ihn bei
Behördengängen unterstütze). Es kann auch eine Stärke, eine Fähigkeit, eine berufliche Erfahrung sein – die ich zum Nutzen anderer einsetzen möchte oder erhalte: Wieso fragen wir denn nicht
mal die Alten in ihren Heimen oder zu Hause danach, wie sie die
ganzen Krisen in der ersten Hälfte des letzten Jahrhunderts be-
wältigt haben? Wir könnten viel lernen! Ich kann auch in Selbst-
hilfegruppen unterstützend tätig werden, wie hier in Emden, wo
Mitarbeiter von uns den Verein »UP Herzensangelegenheiten« ge-
gründet haben, um Menschen in Not zu helfen.

Immer beginnt es mit dem Nicht-Wegsehen, dem Hinschauen,
dem Hinhören und Nachfragen: »Was kann ich dir Gutes tun?« Dem
Achtsambleiben. Erkennen, was ein anderer brauchen könnte – und
was meine Mitmenschen froh macht, dass es mich gibt. Das Erlebte wird Einfluss haben, wie wir in Zukunft miteinander bewusster umgehen, was wir mit welcher Intensität mit unserer Zeit tun –
und einiges andere werden wir bewusst gar nicht mehr tun wollen.

Ich dachte in dieser Zeit der Pandemie über viel Versäumtes
nach. Unser ältester Sohn Julius wurde 2006 geboren, doch nach

dem Unglück meines Vaters nur ein Dreivierteljahr später forderten die Umstände meinen hundertprozentigen Einsatz im Unternehmen. Mit anderen Worten: Ich hatte nicht viel Zeit für ihn, auch nicht für seine Geschwister, meine Präsenz war sehr auf das Unternehmen ausgerichtet. Ein Kleinkind versteht nicht, weshalb der Vater nicht da ist, es fühlt sich von ihm vernachlässigt. Ohne Wenn und Aber. Die Abwesenheit des Vaters bedeutet für das Kind nur eines: Ich bin für ihn nicht wichtig genug. Und diese Erfahrung macht etwas mit einer Vater-Sohn-Beziehung, lässt sie nicht so innig werden wie gewünscht. Aber jeder Tag bietet die Chance für einen Neuanfang. Und dann saß ich vor ein paar Jahren in einer Holzhütte in den Bergen Österreichs auf meiner Meditationsbank und ging in die Stille. Plötzlich sah ich Julius vor mir, sah ihn als Kind. Dann dachte ich, dass ich nicht viel Zeit für ihn gehabt hatte. Dann folgte ein Gefühl, es war reiner Schmerz. Aber auch die tröstende Vorstellung, dass ich ihm zu seinem achtzehnten Geburtstag einen Brief übergebe, in dem ich alles formuliert habe, was ich aus seiner Sicht vermeintlich nicht gesehen und nie gesagt habe, was ich an ihm liebe. Was ich bedingungslos an ihm liebe. In der Meditation bin ich danach jede einzelne Eigenschaft durchgegangen, die ich an meinem Sohn liebe. Jede einzelne Eigenschaft, die ihn zu einem für mich sehr wichtigen Menschen macht. Schließlich war diese Meditation zu Ende. Ich hatte Tränen in den Augen, weil es so berührend war für mich, und ging hinunter in den Wohnbereich der Hütte, in dem mein Sohn auf der Küchenbank saß. Als ich den Raum betrat, hob er seinen Kopf, schaute mich an und fragte: »Papa, wollen wir kuscheln?« Die Art und Weise, wie er die Frage stellte, kannte ich bislang nicht. Es schien, als wäre während meiner Meditation etwas zwischen uns gewachsen, etwas, was uns eine bisher nie zuvor da gewesene Verbundenheit bescherte.

Was ich mir wünsche

Es ist der letzte Tag des Jahres 2020, wir befinden uns in der zweiten Welle, dem zweiten Lockdown. Es ist ein Jahresende, wie wir es nie zuvor erlebt haben. Als es Ende Oktober hieß, dass wir unsere Hotels zum zweiten Mal schließen müssen, waren wir darauf seit sechs Monaten vorbereitet. Der zweite Schließungsprozess erfolgte in stoischer Ruhe, dennoch hoch konzentriert, aber auch irgendwie routiniert. Es dauerte keinen Tag, und wir alle waren im Corona-Winterschlaf.

In diesem zweiten Lockdown gingen wir allerdings dazu über, unsere Entscheidungen möglichst unabhängig von denen der Politik zu treffen. Die Politiker hatten sich mit dem Infektionsschutzgesetz die Möglichkeit genommen, Beschlüsse für einen längeren als vier Wochen andauernden Zeitraum zu treffen. Das war uns zu kurz, um unseren Gästen, Partnern und Mitarbeitern zumindest ein gewisses Maß an Planungssicherheit bieten zu können, und so haben wir uns unabhängig von den bestehenden Vorgaben dazu entschieden, eine deutlich längere Auszeit zu nehmen. In unseren Teams wie auch in der Öffentlichkeit bekamen wir dafür ein extrem positives Feedback, ganz einfach, weil wir etwas aussprachen, was ohnehin alle glaubten, aber keiner auszusprechen wagte. Darüber hinaus hatten wir mit dieser Entscheidung das Gefühl, viel selbstbestimmter zu agieren.

Konkret stellten wir uns darauf ein, unsere Hotels und Ferienwohnungsanlagen erst Ende März wiedereröffnen zu dürfen. Wirtschaftlich beunruhigte uns das nicht, denn durch die Klarheit im Umgang mit unserer Phase II hatte jeder Einzelne dazu beigetragen, dass die Kornspeicher wieder ausreichend gefüllt waren. Hinzu kam, dass die Banken uns zwischenzeitlich die von uns angefragten Gelder genehmigt hatten und wir in der Summe damit gut aufgestellt waren. Sollte es dann im März 2021 tatsächlich so sein, dass die Hotels ihren Betrieb wieder aufnehmen dürfen, waren sie über sechs von zwölf Monaten geschlossen gewesen.

Anders als in den ersten Stunden des ersten Lockdowns befürchtet, lag unser Unternehmen nicht am Boden. Wir hatten keine Stunde null und einen Wiederaufbau aus Ruinen erlebt. Wir waren nicht gescheitert an der Beantwortung der Fragen, die das Leben uns stellte. Stattdessen waren wir durch die Krise nicht nur in unserer Persönlichkeit und unserer Lebenseinstellung, sondern auch unternehmerisch gereift. Trotz der Pandemie hatten wir an die Eröffnung unserer neuen Objekte geglaubt und diese auch durchgezogen. Im Jahr der Pandemie wuchsen wir trotz aller Widrigkeiten um 30 Prozent und einige unserer Hotels konnten sogar die Ergebnisse vom Vorjahr noch toppen. Betroffen gemacht hatte uns der Verlust eines großen Teils unserer Berliner Kollegen samt dem dazugehörigen Hotel. Und wenn ich im Nachhinein darüber nachdenke, wie menschlich absolut überzeugend sie auf den Umgang der Hauptinvestoren reagiert haben, ziehe ich vor jeder und jedem Einzelnen meinen Hut. Sie sind für mich der lebendige Beweis, dass es eine Frage der Haltung ist, ob wir an Krisen zerbrechen oder an ihnen wachsen.

In der Summe war es die Bereitschaft zur Übernahme von Verantwortung, war es die Bereitschaft zur Demut und Dankbarkeit, die uns durch diese Krise getragen haben. Ein Sprichwort besagt: »Die Werte, an die wir uns halten, halten uns.« Dieser Spruch hat sich für uns bewahrheitet. Ohne unsere gemeinsam entwickelten Werte und ohne den ständigen Versuch, diese Werte zu leben und sie zu einer Haltung heranreifen zu lassen, wären wir nicht gut auf die Krise vorbereitet gewesen und wären sicherlich auf dem Weg aus ihr irgendwo stecken geblieben.

Dank der starken Verbundenheit mit unseren gemeinsamen Werten stellten sich viele in den Dienst für den Erhalt des Unternehmens, das für viele auch Teil ihrer persönlichen Lebensentwicklung und zugleich Heimat geworden ist. Kurz: Unsere Kultur hat uns gerettet. Und wird es auch wieder tun. Mit allen Einschnitten und Belastungen, mit schmerzhaften Verlusten, die wir in den kommenden Monaten vielleicht noch erleben werden. Das bequeme Leben ist nicht immer das gute Leben. Wir wachsen an Krisen, oder wir gehen in ihnen unter. Aber es ist allein unsere Entscheidung, in welche Richtung es für uns geht. Bisher sind wir in und durch die Krise stärker geworden.

Wird es wieder Frühling und der Impfstoff flächendeckender verimpft, werden wir unsere Türen wieder weit öffnen und unsere Gäste erneut willkommen heißen. Wir werden auch in der zweiten Welle zusammenstehen, uns gegenseitig Mut machen, tatfreudig sinnvolle Antworten auf die Veränderungen finden. Wir werden nicht nachlassen in unserem Bemühen, unseren Weg weiterzugehen, Menschen zu stärken und viele andere zu ermutigen, dass uns das menschliche Maß eine andere Form des Wirtschaftens und des Zusammenlebens weist.

Ich hoffe auf ein Umdenken, dass durch die Krise die sozialen Ungerechtigkeiten nicht nur sichtbar gemacht, sondern auf lange Sicht durch eine neue Gemeinwirtschaft abgestellt werden und dass die Natur einen großen Atemzug nehmen konnte. Wann, wenn nicht jetzt, sollte der Zwang zu einer Bewusstseinsänderung stärker sein als in dieser Krise? Die Frage ist nur, wie nachhaltig die starken Emotionen, die Grundlage jeder Veränderung sind, mit dem Ende der Pandemie nachwirken und weiteren positiven Wandel in der Gesellschaft auslösen. Wie vielen Menschen wird es gelingen, diese Chance zu nutzen und sich auf das als wesentlich im Leben Erkannte zu konzentrieren? Oder werden wir sehr schnell wieder in den alten Trott zurückfallen und im Hamsterrad mitlaufen? Wann, wenn nicht jetzt, wo alles im Umbruch ist und neu bewertet werden muss, sollte es geschehen, dass wir uns intensiv fragen: Wofür lohnt es sich, jeden Tag aufzustehen?

Die Pandemie war und ist die große Chance zum Nachdenken. Wir jedenfalls werden weiter darauf hinarbeiten, dass Menschlichkeit, Wirtschaftlichkeit und Umweltschutz keinen Widerspruch bedeuten, sondern sich einander bedingen. Wir werden nicht nachlassen, Menschen mit unserer Unternehmung eine Plattform zu bieten, damit sie sich selbst erfahren können und erleben, wie wichtig es ist, herauszufinden, was sie wirklich wollen in ihrem Leben. Was ihre wirkliche Berufung ist. Was sie ausmacht und was sie für ihre Mitmenschen tun können, um dann von ihnen zu hören: »Es ist gut, dass es dich gibt!«

Das Jahr 2020 war ganz sicher nicht das bequemste, aber für mich mit Abstand das wertvollste der letzten Dekade. Unter den unendlich vielen Lehren, die mir dieses Jahr beschert hat, ging es wieder einmal darum, sich daran zu gewöhnen, dass es keine Garantien im Leben gibt. Unser ganzes Leben lang sind wir nur einen Anruf, einen Klick oder eine Nachricht von einer Krise entfernt. So wie es bei mir war, als meine Mutter mich anrief, um mir mitzuteilen, dass mein Vater verunglückt ist. Oder als meine Frau mich mit den Worten empfing: »Bodo, die machen die Inseln dicht.« Manchmal frage ich mich, ob das, worüber ich hier geschrieben habe, nur die Erkenntnis ist aus dem, was ich an Krisen erlebt habe, oder ob es etwas ist, das mich auf etwas vorbereitet, von dem ich noch nicht weiß, was das sein wird. Aber jede uns stärker machende Krise bereitet uns auf weitere Prüfungen vor. Wir werden es sehen. Aber allein der Gedanke, nicht zu wissen, was kommt, lässt mich dankbar sein für jeden Moment meines Lebens.

Was ich mir wünsche, ist, dass gerade die letzten Monate der Einschränkungen dem einen oder der anderen die Augen für das geöffnet hat, was in der philosophischen Ethik als gutes Leben bezeichnet wird. In der Eudaimonie der antiken Griechen galt als Kennzeichen des guten Lebens, dass man sich das »Glück« nicht von äußeren Faktoren erhofft, sondern es in sich selbst findet.

Hin und wieder beschleicht mich das Gefühl, dass nicht wenige Menschen ein gutes Leben als etwas beschreiben würden, was sie gerade nicht haben. Und dass es sehr individuell und von der jeweiligen Lebenslage abhängt, worum es dabei geht. Was meinem Empfinden nach aber universell ist, ist, dass sich etwas in dem Moment zum Guten wendet, in dem ich dazu bereit bin, es anzunehmen, wie es ist. Negative Gedanken und Gefühle nähren sich aus dem Widerstand gegen das, was ich gerade nicht will, wogegen ich mich wehre. Mein emotionaler Wendepunkt während der ersten Krisenwochen war die bewusste Entscheidung, bereit dafür zu sein, alles zu verlieren. Nachdem meine Frau und ich uns genau darauf eingestellt hatten, fühlten wir uns trotz der anstehenden Herausforderungen erleichtert. Und deshalb glaube ich daran: Wenn es uns gelingt, das Leben da, wo wir stehen, und mit dem, was wir haben, zu lieben. Wenn es uns gelingt zu verstehen, dass negative Emotionen nur Warnungen für mich sind, nicht gegen meine eigene Wahrheit zu leben. Wenn ich damit aufhöre zu versuchen, das Leben anderer zu leben, und ich lerne, nicht immer recht haben zu wollen. Wenn ich mich von dem befreie, was andere mir als meine Träume »verkaufen«. Wenn ich mich weigere, in der Vergangenheit zu leben und mich um meine Zukunft zu sorgen, und erkenne, dass es meine Gedanken sind, die mich krank machen. Wenn ich mich so verhalte, dann brauche ich mich nicht mehr vor Krisen, Konflikten und Problemen zu fürchten. Es geht also darum, zu lernen, bedingungslos zu lieben was ist, was heißt: mich selbst. Meine Mitmenschen. Unsere Schöpfung. Das Leben!

Zum Nachdenken, Handeln und Antworten finden

Zum Nachdenken

- Jede Krise:
  - kann dir alles nehmen, nur nicht deine Würde.
  - hat das Potenzial, unsere über Jahre selbst geschaffene Bühne des Lebens zu zerstören und uns zurück ins wahre Leben zu katapultieren.
  - birgt die unglaubliche Chance, mein Leben in Ordnung zu bringen.
  - macht das Leben unbequemer, mich dafür aber klüger.
- Leidenschaften sind Eigenschaften, die Leiden schaffen.
- In einer Krise kann Wohlstand zur Bürde des Wohlbefindens werden.
- Dein tatsächliches Leben beginnt an dem Tag, an dem du selbst Antworten auf die Fragen findest, die dir das Leben stellt.
- Das eine ist, was uns das Leben beschert. Das andere, was wir daraus machen.
- Schon heute entscheidest du, ob du in Zukunft irgendetwas bereuen wirst.
- Nur in der Gegenwart haben wir die Freiheit zu handeln.
- Angst ist ein sicheres Zeichen dafür, dass wir etwas Neues entdecken können.

Zum Handeln
- Jede Krise:
  - o stärkt dich für das, was im Leben noch auf dich wartet. Nutze die Chance!
  - o Rückt die großen Fragen des Lebens in den Fokus. Beantworte sie!
  - o Beraubt uns vieler Dinge, nicht aber sinnvoller Aufgaben.

Finde sie!
- Es gibt keine hundertprozentige Sicherheit im Leben. Akzeptiere das!
- Ist die perfekte Möglichkeit, seinen bisherigen Lebensweg kritisch zu hinterfragen. Fang direkt an!
- Fixiere deine Gedanken nicht auf die Krise, sondern immer auf die Möglichkeiten, die sich aus ihr ergeben. Erkenne und nutze sie!

Antworten finden
Verantwortung zu übernehmen heißt, Antworten zu finden und sie in die Tat umzusetzen:
- Was ist das, was ich wirklich liebe?
- Was ist das, was ich wirklich gut kann?
- Wozu bin ich gut?
- Was ist das, was die Welt braucht?
- Was ist mein Selbstbild? Mein Menschenbild? Mein Weltbild?
- Was ist das, was bleibt, wenn mir alles genommen würde?
- Woran sollen meine Nachfahren sich erinnern, wenn sie an mich denken?

- Was ist das, woran ich mein Glück hänge? Wie sicher ist das, woran ich mein Glück hänge?
- Was schenkt mir Sicherheit? Wie sicher ist das, was mir Sicherheit schenkt?
- Was ist das, was mich in schwierigen Zeiten wirklich trägt?
- Manche Menschen zerbrechen an einer Krise, während andere an ihr wachsen – zu welcher Gruppe möchte ich gehören?
- Wie kannst du eine Tragödie in einen Triumph wandeln?
- Was ist deine »Heldengeschichte«?